你的第一本成功学

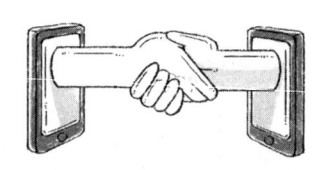

礼貌是好的结束也是希望的开端，要留给对方好印象，可别忽略了最后的礼貌，谨言慎行才是得体的商务应对之道。

你的第一本
成功学

NIDE DIYIBEN CHENGGONGXUE

宿文渊 —————— 编著

江西美术出版社
全国百佳出版单位

图书在版编目（CIP）数据

你的第一本成功学 / 宿文渊编著. -- 南昌：江西美术出版社，2017.7（2021.1 重印）
ISBN 978-7-5480-5454-2

Ⅰ.①你… Ⅱ.①宿… Ⅲ.①成功心理—通俗读物 Ⅳ.① B848.4-49

中国版本图书馆 CIP 数据核字 (2017) 第 112556 号

你的第一本成功学　宿文渊　编著

出　版：江西美术出版社
社　址：南昌市子安路 66 号 邮编：330025
电　话：0791-86566329
发　行：010-88893001
印　刷：三河市京兰印务有限公司
版　次：2017 年 10 月第 1 版
印　次：2021 年 1 月第 5 次印刷
开　本：880mm×1230mm 1/32
印　张：8
书　号：ISBN 978-7-5480-5454-2
定　价：35.00 元

本书由江西美术出版社出版。未经出版者书面许可，不得以任何方式抄袭、复制或节录本书的任何部分。
本书法律顾问：江西豫章律师事务所　晏辉律师
版权所有，侵权必究

前　言

"会当凌绝顶，一览众山小。"千百年来人们一直传诵着这样的诗句，因为它道出了人们内心对成功的深切渴望，引起了普遍的共鸣。无可否定，我们每个人，不管是才能出众，还是平凡普通，都渴望着成功，都想实现自己想要的生活。千百年来，世世代代的人们都在为自己想要的成功而不息奋斗，有的人真的成功了，他们青史留名，然而，大多数人却未能如愿以偿，只能庸碌而终。为此，人们不得不问：在芸芸众生中，我们究竟怎样才能脱颖而出？怎样才能实现自己的理想？成功到底有没有规律可循？

答案是肯定的。这个世界上任何事物都是有规律的，就像太阳每天东升西落，一年有春夏秋冬四季的更替一样。当然，获得人生的成功也是有其内在规律的，而那些成功人士正是有意无意地掌握了这些规律，并且身体力行，才最终到达成功的彼岸。自古以来，在犹太人中流传着这样一个公式："成功=智慧+时间"。这里的智慧就是成功的规律，也就是说只要掌握了成功的规律，再加上足够的时间去实行，成功就指日可待。然而遗憾的是，智慧与时间很少并肩而行，我们年轻的时候有时间，可头脑中都是些稚嫩的观念，懵懵懂懂，不可避免要走很多弯路，遭受种种失败。斗转星移，历经多年沧桑，终于沉淀了一些经验和教训，形成了睿智的观念，然而此时却已经没有了时间。这也正是无数人空怀理想，壮志难酬的原因所在。为了让更多的人在有时间的时候能尽快掌握成功的智慧，让年轻时的"时间资源"嫁接上"智慧观念"，产生核聚变一般的巨大能量，创造出不可思议的人生辉煌，我们编写了这本《你的第一本成功学》。

本书内容极为宏博，包罗了古今中外方方面面的成功智慧，全书分为六卷，分别为"人生智慧卷""最伟大推销员成功法则卷""成就总统的读书计划卷""羊皮卷精粹卷""神奇的家庭成功法则卷""最高明的投资策略卷"。

其中"人生智慧卷"收录了《沉思录》《不抱怨的世界》《失落的致富经典》《受苦的人没有悲观的权利》四部享誉世界的成功励志名著，这些书向我们深刻揭示了"倾听来自心灵的声音和力量""优秀的人从不抱怨""没有穷困的世界,只有贫瘠的心灵""谁敷衍生命,生命就敷衍谁"等朴素而永恒的成功原理,帮助人们首先从根本上树立成功心态,从而改变命运,成就卓越人生。

"最伟大推销员成功法则卷"收录了《两个上帝的忠诚仆人》《一分钟说服》《世界上最伟大推销员的成功法则》三部书,这些书中充满智慧、灵感、力量以及销售实战技巧,为广大从事销售的读者朋友迅速提升推销能力和业绩,更好地完善和成就自我,在财富方面迅速获得成功,提供了极为宝贵的指导和帮助。

"羊皮卷精粹卷"收录了《最伟大的力量》《唤起心中的巨人》《自己拯救自己》《向你挑战》四部世界经典励志名著。在西方遥远的古代,智慧的文字是书写在珍贵的羊皮卷上的,它们传历弥久,是人类智慧的结晶、精神的瑰宝,有着神秘的力量,吸引着人们通过它们探寻生活的真谛,在这个纷繁复杂的世界上掌握做人做事的方法,最终获得力量、财富和幸福。

……

本书是前人智慧的总结,成功规律的揭示。请记住,获得成功最快的方法就是学习前人的成功智慧,站在前人的肩上!很幸运,你打开了这本书,它将会改变你的一生!要想成功,你需要每天读点成功学,让自己每天都处在成功的氛围中,让自己的心灵感受到成功的召唤。每天读点成功学,就是为日后的成功种下希望的种子。希望通过这本书的启示,你能了解到成功的规律,掌握成功的方法,遵循成功的步骤,从而养成成功的习惯。相信你自己,因为成功在自己手中!

目录 CONTENTS

你的第一本成功学

第一篇　人生智慧卷

PART 01　《沉思录》——倾听来自心灵的声音和力量 002
　　摒除外界的干扰，释放生命的自由 002
　　回归自我，不慕虚荣 004
　　让灵魂永葆青春 005
　　以平等的精神生出虔诚与仁爱 006
　　与持有同样原则的人一起生活 008
　　像等待生一样静候死 009
　　善良是内心源源不断的泉 010
　　倾听来自心灵的声音和力量 012

PART 02　《不抱怨的世界》——优秀的人从不抱怨 014
　　你在陈述事实，还是在抱怨 014
　　抱怨让你变得招人怨 015
　　批评无法消弭问题，只会扩大事端 017
　　懂得感恩的人拒绝抱怨 019
　　有怨气不如有志气 020

　　　　用行动为抱怨画上休止符..................021

PART 03 《失落的致富经典》——没有穷困的世界，
　　　　只有贫瘠的心灵..................024
　　　　让任何人致富的法则..................024
　　　　绘制你的精神图景，将目标可视化..................026
　　　　没有穷困的世界，只有贫瘠的心灵..................027
　　　　做个驯钱师，不做守财奴..................029
　　　　潜心求知，生命才能不断增值..................030
　　　　另辟蹊径，寻找隐藏的财富..................032

PART 04 《受苦的人没有悲观的权利》
　　　　——谁敷衍生命，生命就敷衍谁..................034
　　　　拿一手坏牌并不注定就是败局..................034
　　　　做一个不想"如果"只想"如何"的人..................036
　　　　不是因为跑得快，而是因为选对了路..................038
　　　　想掌控未来，就要对未来有所预见..................039
　　　　永远别说"我不相信"..................041
　　　　谁敷衍生命，生命就敷衍谁..................043
　　　　上帝很忙，能拯救你的只有你自己..................044

第二篇　最伟大推销员成功法则卷

PART 01 《两个上帝的忠诚仆人》——忠于职守的力量........048
　　　　为人服务是根本..................048

承担责任是强者...053

　　绝对忠诚是首选...057

　　敬业的人最可敬...063

PART 02　《一分钟说服》——说服是一门艺术..........066

　　开场白话术...066

　　预约采访术...068

　　产品介绍术...072

　　成交语术..078

　　处理反对意见艺术...081

　　问对题术..083

PART 03　《世界上最伟大推销员的成功法则》

　　　　　——汲取成功销售的经验...........................088

　　先推销自己：良好的印象是成功的第一步................088

　　微笑是最好的名片..090

　　举止有度，不失礼节..092

　　相信自己，你也能成为推销赢家............................094

　　把产品视为你的爱人..096

第三篇　成就总统的读书计划卷

PART 01　《自立》——不做命运的顺民....................100

　　站在对方的立场上传递温暖....................................100

别因为个性而伤害到自己 101
　　坐在舒适软垫上的人容易睡去 103
　　不做命运的顺民 104
　　你不可能让所有人满意 106

PART 02　《管道的力量》——发掘不息的成功之源 108
　　发掘市场"蓝海区" 108
　　有准备，才有成功的机会 110
　　把自己当成一家公司去经营 111
　　你是在"提桶"还是在"建造管道" 113
　　成为百万富翁不是一种机会，而是一个选择 115

PART 03　《一生的资本》——智慧温暖人生 117
　　不妨坐坐头等舱 117
　　人际关系是一种无形的资产 119
　　好习惯为成功埋下了一粒种子 120
　　我们要永远生活在新生活当中 122
　　快速度成长与慢速率生活 123
　　悲观失望时，不要对任何事情做决断 125

PART 04　《牧羊少年奇幻之旅》——你想行你就行 127
　　没有什么能够阻止你，除了你自己 127
　　人生并非由上帝定局，你也能改写 129
　　活在希望中，生活才更有趣 130
　　深爱但不迷失方向 132

第四篇　羊皮卷精粹卷

PART 01	《最伟大的力量》：选择比努力更重要	136

　　选择其实比什么都重要 136
　　选择就在你自己的手里 138
　　选择，先给自己一双慧眼 140
　　从容，让你的选择更准确 142
　　适合的才是最好的 143

PART 02	《唤起心中的巨人》：学会心绪能量的转化	147

　　让坏习惯不再如影随形 147
　　解开内心拧在一起的麻花 149
　　解读他脸上的语言 151
　　给自己的情绪上把锁 152

PART 03	《自己拯救自己》：相信品行的魅力	155

　　用恒心与毅力雕琢成功 155
　　让力量做船、勇气做桨，共同驶向远方 157
　　你可以没有天赋，但绝不可以不勤奋 159

PART 04	《向你挑战》：向更高的目标攀登	162

　　储存你的领导才干 162
　　自我推销帮你迈出成功第一步 165
　　不要犹豫不决，当断不断 167

换一种思维，换一片天空 169

第五篇　神奇的家庭成功法则卷

PART 01　卡尔·威特全能教育法：
　　　　　正确的教育是孩子的福分 174
　　　孩子失信是父母的错 174
　　　不良习惯是不良教育的结果 176
　　　教会孩子与人合作 177

PART 02　塞德兹天才教育法：每一个孩子都是天才 181
　　　片面的教育养俗物 181
　　　外出游玩中激发孩子学习的兴趣 183
　　　巧妙解答孩子的疑问 186
　　　孩子的良好品质来源于教育 188

PART 03　斯特娜自然教育法：处处有心皆教育 190
　　　大自然是最好的老师 190
　　　生活处处是课堂 193
　　　为孩子创造声色世界 195
　　　给孩子建立"品行表" 198

PART 04　斯宾塞的快乐教育：
　　　　　给孩子一个宽松成长的环境 201
　　　是我们扼杀了孩子的学习愿望 201

让家庭给孩子快乐的力量 203

快乐教育的禁区 205

倾听孩子的心声 206

第六篇　最高明的投资策略卷

PART 01　跟"股神"沃伦·巴菲特学投资 210

投资要不按"常理"出牌 210

如何用三条老经验打天下 213

用 15% 法则买卖股票 216

现金为王 219

如何在价值基础上寻找安全边际 222

PART 02　跟金融大鳄乔治·索罗斯学投资 225

从投资目标和基金管理人考察基金 225

从资产配置上看基金的获利能力 228

如何有效利用"反身理论" 230

从市场运行的趋势中把握机会 233

PART 03　非凡的投资天才——吉姆·罗杰斯 236

如何抓住冷清的市场中的投资机会 236

尽早树立正确的投资理念 238

罗杰斯对投资价值的判断 239

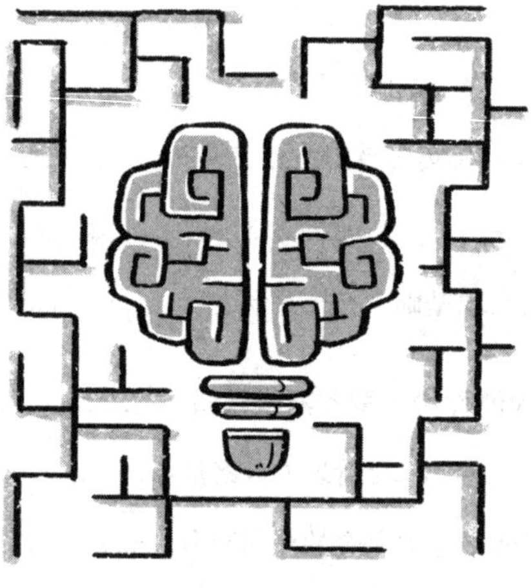

第一篇
人生智慧卷

PART 01
《沉思录》——
倾听来自心灵的声音和力量

《沉思录》，是古罗马唯一一位哲学家皇帝马可·奥勒留·安东尼所著。对此书，费迪曼曾这样评价："《沉思录》有一种不可思议的魅力，它甜美、忧郁和高贵。这部黄金之书以庄严不屈的精神负起做人的重荷，直接帮助人们去过更加美好的生活。"下面就让我们看看《沉思录》是怎样帮助人们去过幸福生活的吧。

摒除外界的干扰，释放生命的自由

我们都知道，火都有一种特性：当火势小的时候，它很快就会被压在它上面的东西熄灭；而火势旺盛的时候，它就会很快点燃它上面的东西，并且借助这些东西使自己越烧越旺。

所以，每个人的成败主要取决于自身力量的强弱，而非加诸在身上压力的大小。法国作家杜伽尔曾说过这样一句话："不要妥协，要以勇敢的行动，克服生命中的各种障碍。"法国启蒙思想家伏尔泰说："人生布满了荆棘，我们晓得的唯一办法是从那些荆棘上面迅速踏过。"人生是不平坦的，这同时也说明生命需要磨炼，面对人生中各种各样的干扰，你要保持一种满足而宁静的态度，利用这种障碍，达到锤炼自己的目的。因为唯有障碍才能使你不断地成长。"燧石受到的敲打越厉害，发出的光就越灿烂。"正是这种敲打才使燧石发出光来。

《沉思录》的作者马可·奥勒留曾说，即使是生命中那些痛苦的事情，也能够为你的灵魂增添耀眼的色彩。所以，请热爱那些仅仅发生于你的事情，那些仅仅为你纺的命运之线。因为，有什么比这更适合你呢？

哪怕是不好的事情，我们也可以用微笑的灵魂发掘其中蕴含的机遇；哪怕当我们在正确的原则指引下走正直道路的时候，有人阻挡我们，我们也可以像火焰一样，摒弃那一切干扰，并利用它们来训练自己。

美国的一所大学曾进行过一个很有意思的实验：实验人员用很多铁圈将一个小南瓜整个箍住，以观察它逐渐长大时，能抵抗多大由铁圈给予它的压力。最初实验员估计南瓜最多能够承受400磅的压力。

在实验的第一个月，南瓜就承受了400磅的压力，实验到第二个月时，这个南瓜承受了1000磅的压力。当它承受到2100磅的压力时，研究人员开始对铁圈进行加固，以免南瓜将铁圈撑开。当研究结束时，整个南瓜承受了超过4000磅的压力，到这时，瓜皮才因为巨大的反作用力产生破裂。

研究人员取下铁圈，费了很大的力气才打开南瓜。南瓜已经无法食用，因为试图突破重重铁圈的压迫，南瓜中间充满了坚韧牢固的层层纤维。为了吸收充足的养分，以便于提供向外膨胀的力量，南瓜的根系总长甚至超过了8万英尺，所有的根不断地往各个方向伸展，几乎穿透了整个实验田的每一寸土壤。

南瓜可以摒除外界的障碍，并充分释放自己生命的能量，获得前进的动力，从而使自己变得更加茁壮，人生也是如此。许多时候我们夸大了那些强加在我们身上的折磨的力量，其实生命还可以承受更大的障碍。生命本身的力量足以把每一个障碍扭转为对它活动的一个援助，以至把一个障碍的东西变成对一个行为的推进。

所以，那些折磨我们的力量往往能够成为助我们成长的能量，在与我们意愿相反的事物中我们也可以获得前进的手段。当每一个障碍都成为我们的养料时，生命之火就可以熊熊燃烧。

回归自我，不慕虚荣

不管别人怎么说怎么做，我们都一定要做个好人，就像一块翡翠或者黄金总是认为："无论别人怎么说怎么做，我始终是一块珍宝，我要保持我的光彩。"

一个能够保持宁静心灵并保持理性自我的人，永远不会自己产生恐惧或欲望，除非是别人让他产生恐惧、陷入欲望。这种时候，灵魂往往会因为贪慕一时的虚荣而丧失自我。让肉体去体验这种经历吧，如果它有能力，或许可以使自身免于伤害；我们的灵魂是能感受恐惧和痛苦的，并且能对恐惧和痛苦做出判断；但是灵魂不会受到损害，因为它不会这样认为。灵魂是一无所求的，除非它自己创造出需要，同样，没有什么能够打搅它、妨碍它，除非它自己打搅自己、妨碍自己。

每个人都有不同程度的虚荣心理，它像一只默默地啃噬自己内心的小虫，悄无声息但却让人格外痛苦难熬。而这些贪慕虚荣的人，也必然会为自己的行为付出一些代价。

山鸡天生美丽，浑身都披着五颜六色的羽毛，在阳光的照耀下熠熠生辉、鲜艳夺目，叫人赞叹不已。山鸡也很为这身华羽而自豪，非常爱惜自己的美丽。它在山间散步的时候，只要来到水边，瞧见水中自己的影子，它就会翩翩起舞，一边跳舞一边骄傲地欣赏水中倒映出的自己那绝世无双的舞姿。

一位臣子将一只山鸡送给了君主，君主非常高兴，召唤有名的乐师吹起动人的曲子，而山鸡却充耳不闻，既不唱也不跳。君主命人拿来美味的食物放在山鸡面前，山鸡连看都不看，无精打采地耷拉着脑袋走来走去。就这样，任凭大家想尽了办法，使尽了手段，始终都没办法逗得山鸡起舞。

这时，一名聪明的臣子叫人搬来一面大镜子放在山鸡面前，山鸡慢悠悠地踱到镜子跟前，一眼看到了自己无与伦比的丽影，比在水中看到的还要清晰得多。它先是拍打着翅膀冲着镜子里的自己激动地鸣叫了半天，然后就扭动身体，舒展步伐，翩翩起舞了。

山鸡迷人的舞姿让君主看得呆了，连连击掌，赞叹不已，以至于忘了叫人把镜子抬走。

可怜的山鸡，对影自赏，不知疲倦，无休无止地在镜子前拼命地又唱又跳。最后，它终于耗尽了最后一点力气，倒在地上死去了。

顾影自怜的山鸡并没有找到自己的真正价值所在，它在强烈的虚荣心的驱使下迷失了自我，当它追求着错误的东西并且沉迷其中时，就渐渐地从虚荣走向了炫耀，以至于丧失了理智，并为此付出了惨重的代价。

虚荣心会使一个人失去心灵的自由，常常使人觉得没有安全感，不满足，与其在虚荣心的驱使下追求鹤立鸡群、脱颖而出的满足，不如回归本我，于宁静的心灵世界中寻求知足的幸福。

让灵魂永葆青春

这是一件可怕的事情，当你依然年轻，身体依然强壮，灵魂却已然白发苍苍。宇宙间的万物都在变化之中。如果宇宙间万物确实存在一个确定的归宿，那么万物都会归于统一；如果这个归宿并不存在，那么万物也许都会被分解开来。总之，不管是统一还是分解，变化是肯定的，就像机体会衰老，灵魂会变化。

而一生中最重要的事，莫过于让灵魂永葆青春，不要在身体衰老之前就老去。所以，请保持灵魂的健康与昂扬，请努力去做这样的人：朴素、善良、严肃、高尚、不做作、爱正义、敬神明、温柔可亲、恪尽职守。什么样的人是上帝希望的那种人，就请努力成为那样的人。

对神明要心存崇敬，对你的朋友要仁爱并且乐善好施。这样的人，灵魂就像婴儿的眼眸一样清澈，我们应该向他学习，像他一样精力充沛地按照理性做事，像他一样胸怀坦荡，像他一样虔诚、面容宁静、待人态度温柔，像他一样不追名逐利，像他一样专注于探究事物的本质。还要记住，在仔细考察并且有了清楚的认识以前，绝不忽视任何一件小事；对于那些无理指责的人，宽容并忍让他们，而不强调反击；从容做事，不听信任何流言诽谤之词；谨慎观察人的品性，不因别人的愤怒就轻易做出让步，远离阿谀奉承，不过分猜疑，也不要自命不凡；对自己的衣食住行保持简单的要求，但工作的时候要勤劳，并保持耐心。

人生短暂，我们在尘世的生命只有这唯一的果实——虔诚的性格和仁爱的行为。无论做什么，都要给灵魂以给养，使它永远保持旺盛的生命力。若能如此，即使人生并没有创造出奇迹，也会拥有属于自己的精彩。

两个小桶一同被吊在井口上。

其中一个对另一个说:"你看起来似乎闷闷不乐,有什么不愉快的事吗?"

另一个回答:"我常在想,这真是一场徒劳,没什么意思。常常是这样,装得满满地上去,又空着下来。每一天都在虚度之中流逝,仿佛连灵魂都慢慢地枯竭。"

第一个小桶说:"我倒不觉得如此。我一直这样想:我们空空地来,装得满满地回去,再将这满满的幸福送给他人分享,这又是怎样的快乐!"

每一天,都并非虚度,如果你努力地向充实靠拢;每一天,灵魂都会得到丰富,如果你从来不恣意纵容自我。当那个悲观的小水桶日复一日地用空洞的眼神抬头望天时,天是空的,灵魂也在衰老之中;而另一只乐观的小桶,则用快乐填满了自己的生活,每一天都是新鲜生动的。

生命是短暂的,在这短暂的生活里会有许多需要选择的事情,例如一个事物是善的还是恶的,一个行为是不是应该去做,是走左边那条路还是右边的那条?其实,就在这些简简单单的选择中,你的生命轨迹已经逐渐地成形。过早衰老还是永远保持年轻,都在你的一念之间。

保持虔诚的精神和友善的行为,在生活中汲取营养,在贡献中快乐,这样的清醒是多么难得。在清醒的时候,再看见那些关于衰老或者空虚的烦恼,就会像是在看一场梦,云烟过眼,天朗风清。

以平等的精神生出虔诚与仁爱

世间的一切生灵都是平等的,所有的一切都与我们骨肉相连,我们有什么理由不以虔诚而仁爱的态度对待造物主给予我们的一切呢?每个生命的存在都是自然界的奇迹,所以我们要用平等的观念对待一切。

用平等的观念对待一切,付出真挚的爱心,才能收获快乐、收获希望。

只有在别人困难的时候,毫不犹豫地伸出救援的双手,在你困难时,你才能得到更多的帮助。

一天,一个贫穷的小男孩为了攒够学费挨家挨户地推销商品。到了晚上,奔波了一整天的他此时感到十分饥饿,但摸遍全身,只有一角钱了。实在是饥饿难忍,他只好决定向下一户人家讨口饭吃。

当一位美丽的女孩打开房门的时候,这个小男孩却有点不知所措了。他没有要饭,只乞求给他一口水喝。这位女孩看到他很饥饿的样子,就拿了一大杯牛奶给他。男孩慢慢地喝完牛奶,问道:"我应该付多少钱?"女孩回答道:"一分钱也不用付。妈妈教导我们,施以爱心,不图回报。"男孩说:"那么,就请接受我由衷的感谢吧!"说完男孩离开了这户人家。此时,他不仅感到自己浑身是劲儿,而且还看到上帝正朝他点头微笑。

数年之后,那位美丽的女孩得了一种罕见的重病,当地的医生对此束手无策。最后,她被转到大城市,由专家会诊治疗。当年的那个小男孩如今已是大名鼎鼎的霍华德·凯利医生了,他也参与了医治方案的制订。当看到病历时,一个奇怪的念头闪过他的脑际。他马上起身直奔病房。

来到病房,凯利医生一眼就认出床上躺着的病人就是那位曾帮助过他的女孩。他回到自己的办公室,决心竭尽所能来治好女孩的病。从那天起,他就特别地关照这个病人。经过艰苦努力,手术成功了。凯利医生要求把医药费通知单送到他那里,在通知单的旁边,他签了字。

当医药费通知单送到女孩手中时,她不敢看,因为她确信,治病的费用将会花去她的全部家当。最后,她还是鼓起勇气,翻开了医药费通知单,旁边的小字引起了她的注意,她不禁轻声读了出来:"医药费——一满杯牛奶。霍华德·凯利医生。"

小女孩并没有因为那个男孩的贫困和窘迫而拒绝他的请求,她所做的一切,都是源于内心深处对所有平等的生命的热爱和珍惜。如果当初小女孩拒绝献出那份爱心,也许这个故事将不会有一个如此圆满的结果。施与爱心,回报的也一定是一份爱心。帮助别人,给予别人方便,才会得到别人的帮助,也给自己带来方便。因为人们都有"相互回报"的心理,你对别人的慷慨付出往往也会得到别人的无偿回报。

与持有同样原则的人一起生活

古罗马著名哲学家西塞罗曾经说过:"人类从无所不能的上帝那里得到的最美好、最珍贵的礼物就是友谊。"但并不是所有的朋友都能给你的生活增添美丽的色彩,只有对生活有着同样的信仰,持有同样原则的人,才能和你一起浇灌出绚烂的友谊之花。

印度传教士亨利·马特恩,小时候身体非常羸弱,性情敏感孤僻,不喜欢参与学校的活动,大一些的男孩常以招惹他为乐。但是有一个男孩向他伸出了友爱之手,帮他补习功课,还为他和小流氓打架。

他们都考上了哈佛大学,这个男孩继续影响着亨利。亨利学习不稳定,容易激动而且浮躁,有时还忍不住发脾气,这个男孩却是一个沉稳、富于耐心而勤奋的学生。他一直呵护、引导、保护着亨利,让他远离那些不良影响,鼓励并建议他发奋图强。他对亨利说:"努力不是为了赢得别人的赞许,而是为了自己的荣誉、上帝的荣光。"

亨利在他的帮助下学业大有长进,在圣诞节前的期末考试中取得了年级第一的好成绩。那个男孩毕业后从事着一项十分有益却不为人知的事业,但他塑造了亨利的优良品德,用爱心鼓舞了亨利,让亨利从事高尚的工作,帮助亨利成为一名杰出的传教士。

通过上述故事,我们可以看出,朋友之间会潜移默化地相互影响,朋友会影响你形成自己的性格、做事的方式、习惯和观点。所以,择友一定要慎重,不是所有人都有亨利一样好的运气,能够遇到如此志同道合又知心的朋友。有时候,恰恰是这些心怀善意的朋友,却往往用如刀一样锋利的语言刺痛你的内心,这时候你应该做出判断,他是不是和你秉持着同样的生活原则,或者是不是自己的原则出现了错误。

佩利在哈佛上学时,同伴们既喜欢他又讨厌他。佩利天赋极高,但整天无所事事,花钱大手大脚,像个浪荡公子。一天早上,他的一位朋友来到他床前说:"佩利,我一宿没睡,一直在想你的问题。你真是个大傻瓜!你家里那么穷,怎么承受得起你这么胡闹?我要告诉你,你很聪明,是可以有所作为的!我为你的愚蠢痛心,我要严肃警告你,如果你再执迷不悟,胡闹偷懒下去,我就跟你断绝来往!"

佩利大为震动,从那一刻起,他变了。他为自己的生活制订了全新的计划，勤奋努力、坚持不懈地学习。年终，他成了甲等生。后来，他成为作家、神学家，他的成就广为人知。

一个人结交什么样的朋友，对自己的思想、品德、情操、学识都会有很大的影响。实际上，每个人不管自觉或不自觉，他们交朋友总是有所选择的，他择友总是有自己的标准。如果你选择了那些品质恶劣、不能真诚对人的人做朋友，则是人生的一大障碍，而和品行高尚的人做朋友，你也会在不自觉中得到提高。

像等待生一样静候死

每一件事物都有其开始、延续和死亡，这些都是被包括在自然界要实现的目标之内的。人生就好比这样一个过程：一只球被人掷起，而后又开始下坠，最后落在地上；或者像一个水泡，它逐渐凝结起来，突然被伸到水面的树枝触碰了一下，转瞬间便完全破碎。生命也是这样一个从出生、成长到衰老、死亡的过程。所有人都会走向同一个归宿，那就是死亡。

面对死亡，我们要把它作为自然的一个活动静候它。就像你能够安静地等待一个孩子从母亲的子宫里分娩出一样，也请你从现在开始就准备着你的灵魂从皮囊中脱离的那个时刻的来临。这一切，都只不过是自然的正常的活动，你不需要恐慌，只要静静等候就可以了。

日本有位禅师一百多岁高寿时身体还特别健康，耳不聋，眼不花，牙齿还完好无损，总是红光满面，一副乐呵呵的样子，给人一种气定神闲的感觉。

有位生命学专家想从禅师这里得到一种长寿秘诀，就专门来寻访他。第一次寻访时，老禅师说："没有什么秘诀，连我也没弄明白我为何如此长寿的。"几年过后，专家再次拜访老禅师。禅师说："我知道为什么了，但是，天机不可泄露。"又是几年过去了，禅师的身体依然强健，一点儿也看不出老，好像违反生命的自然规律。生命学专家再次来拜访，他对老禅师说，他对生命的探讨，不是为了个人，而是为了全人类。

这次，禅师终于说出了他的长寿之道，他不无遗憾地说："我从六十来岁就盼着圆寂，视圆寂为佛家的最高境界、最大快乐。可是，我的修行一直不够，一直未能实现早日圆寂的最大夙愿。这，也许就是你要探讨的长寿的奥秘吧！"

世间有几个人，能够用这种泰然自若的态度面对生死？

人们普遍害怕死亡，这种恐惧的情绪是因为对死亡的无知造成的。人类习惯把死亡与衰老、疾病联系在一起，因此，在人类看来，死亡是很痛苦的。其实不然，每个人都要经历一个从年轻到年老、由稚嫩到成熟的过程；每个生物都要经历春夏秋冬四时的变化；所有的生命都要经历自然带来的一切活动。人的死亡只是具体的生命形式的结束，而构成这一生命形式的气又会回到物质世界中，重新加入宇宙生命的无穷变化。

我们以树叶为例，春天让树上产生树叶，然后风把树叶吹落，接着树木又在落叶的地方长出新的树叶。人也和这树叶一样，不管这个人是被称颂和赞扬的，还是被诅咒和谴责的，都不过是自然界中的一个短暂的存在。死亡只是让来自自然造化的生命再次复归造化。

死亡把你和正在和你一起生活的人分开，把你可怜的灵魂同身体分开，要知道，你与他们的联系和结合本来就是自然给予的，现在只不过是自然要把这种结合拆开。

自然将灵魂与身体分开，便是把死亡赋予了你。死亡只不过是让你脱离目前这种生活转而进入另一种生活。那么我们又何必要执着于尘世，希望自己在这里逗留更长的时间呢？

从生走向死，这是合乎自然的一件事，所以，在世时我们要顺应自然行事，死时跟随造物变化。不欣喜生命的诞生，也不抗拒生命的死亡；明白生死只是忽然而来，忽然而去。不忘记自己的来处，也不探求死后的归宿；命运来了，欣然接受，事情过后，又恢复平常，在即将离去时对别人的态度仍然和善，把自己的品格友好、仁爱和温柔的一面一直保持到最后一分钟。

善良是内心源源不断的泉

一家餐馆里，一位老太太买了一碗汤。她在餐桌前坐下后，突然想起忘记取面包。

她起身取回面包，重返餐桌。然而令她惊讶的是，自己的座位上坐着一位黑皮肤的男子，正在喝着自己的那碗汤。"这个无赖，他为什么喝我的汤?"老太太气呼呼地寻思,"可是,也许他太穷了,太饿了,还是一声不吭算了,不过,也不能让他一人把汤全喝了。"

于是,老太太装着若无其事的样子,与黑人同桌,面对面地坐下,拿起汤匙,不声不响地喝起了汤。就这样,一碗汤被两个人共同喝着,你喝一口,我喝一口。两个人互相看看,都默默无语。

这时,黑人突然站起身,端来一大盘面条,放在老太太面前,面条上插着两把叉子。

两个人继续吃着,吃完后,各自直起身,准备离去。

"再见!"老太太友好地说。

"再见!"黑人热情地回答。他显得特别愉快,感到非常欣慰。因为他自认为今天做了一件好事——帮助了一位穷困的老人。

黑人走后,老太太才发现,旁边的一张饭桌上放着一碗没人喝过的汤,正是她自己的那一碗。

在老太太弄清了事情的始末之后,尴尬之余她一定感受到了一种莫名的感动,这种温暖的力量来自善良品质的感染。

善良就像是内心一道源源不断的泉水,它所带来的感动将会比生命本身更长久。休谟说:"人类生活的最幸福的心灵气质是品德善良。"一个心地善良的人,必是一个心灵丰足的人,同时,善良的举动也会带给他人内心的感动和震撼。

一个爱的字眼,有时能把人从痛苦的深渊中拯救出来,并且带给他们希望;一个微笑,有时能让人相信他还有活着的理由;一个关怀的举动,甚至可以救人一命。有不少人曾经非常认真地考虑过结束自己的生命,而在电梯里有个陌生人跟他打了个招呼,或接到一个朋友打来的电话说"我心里正念着你"之后,便打消了自杀的念头。一个再细小不过的关爱的刹那,就足以改变一切。不要低估你心目中善良品质的力量,从而使你丧失很多行善的机会。不要以为你能够帮助别人的只是沧海一粟,不要以为你的能力不足以救人于水火。

不要像仿佛你将活一千年那样行动。死亡窥伺着你。当你活着时,如果善在你力量范围之内,那么就行善吧。人的能力都是有限的,但我们可以在自己的力量范围之内,尽己所能地行善。相信,一念善起,万事花开。

倾听来自心灵的声音和力量

生活中的每一次沧海桑田，每一次悲欢离合，都需要我们用心慢慢地体会、感悟。如果我们的心是暖的，那么在自己眼前出现的一切都是灿烂的阳光、晶莹的露珠、五彩缤纷的落英和随风飘散的白云，一切都变得那么惬意和甜美，无论生活有多么的清苦和艰辛，都会感受到天堂般的快乐。心若冷了，再炽热的烈火也无法给这个世界带来一丝的温暖，我们的眼中也充斥着无边的黑暗、冰封的雪谷、残花败絮般的凄凉。所以，细细地倾听来自心灵的声音，就能从心灵的舒展开合中获取力量。

把贪图钱财看作正确行为的人，不会让他人获得利禄；把追求显赫看作正确行为的人，不会与他人分享美好的声誉；迷恋权势的人，不会授人权柄。掌握了利禄、名声和权势，便唯恐丧失而整日战栗不安，而放弃上述东西又会悲苦不堪，而且心中没有一点见识，目光只盯住自己所无休止追逐的东西，不肯与他人分享，这样的人只能算是被大自然所刑戮的人。

但如果不因为高官厚禄而喜不自禁，不因为前途无望、穷困贫乏而随波逐流、趋势媚俗，荣辱面前一样达观，那也就无所谓忧愁。心中没有忧愁和欢乐，才是道德的极致。

一个人被苦恼缠身，于是四处寻找解脱苦恼的秘诀。

有一天，他来到一个山脚下，看见在一片绿草丛中有一位牧童骑在牛背上，吹着横笛，逍遥自在。他走上前问道："你看起来很快活，能教给我解脱苦恼的方法吗？"

牧童说："骑在牛背上，笛子一吹，什么苦恼也没有了。"

他试了试，却无济于事。于是，他又开始继续寻找。不久，他来到一个山洞里，看见有一个老人独坐在洞中，面带满足的微笑。他深深鞠了一个躬，向老人说明来意。

老人问道："这么说你是来寻求解脱的？"

他说："是的！恳请不吝赐教。"

老人笑着问："有谁捆住你了吗？"

"没有。"

"既然没有人捆住你，何谈解脱呢？"

他幡然醒悟。

从来没有什么东西能够束缚住我们的心灵，除了自己。与其在束缚中苦苦寻求心灵和道德的出路，莫不如给心灵松绑，在自由之中得到自己的快乐，与他人分享快乐，这才会更加接近幸福。

让自己的德行像光一样明亮，但不刻意对人显耀；行为信守承诺，但不会令人有所祈望。睡觉时不做梦，清醒时无忧虑。活着时好像无心而浮游于世，死亡时则像休息一样自然寂静。心神纯一精粹，没有欢乐与悲伤，对外物没有喜好与厌恶，持守精神的简洁和永恒，与世事无抵触，任何事情都不会违逆心意，获得心灵的自由与尘世的幸福原来就是如此简单。

PART 02
《不抱怨的世界》
——优秀的人从不抱怨

《不抱怨的世界》，作者是美国知名牧师威尔·鲍温。世界首富比尔·盖茨在推荐这本书时说："没有人能拒绝这样一本书，除非你拒绝所有的书。"

抱怨不如改变，抱怨有害无利，走进"不抱怨的世界"才是人生大智慧。

你在陈述事实，还是在抱怨

一位老人，每天都要坐在路边的椅子上，向开车经过镇上的人打招呼。有一天，他的孙女在他身旁陪他聊天。这时有一位游客模样的陌生人在路边四处打听，看样子想找个地方住下来。

陌生人从老人身边走过，问道："请问大爷，住在这座城镇还不错吧？"

老人慢慢转过来回答："你原来住的城镇怎么样？"

游客说："在我原来住的地方，人人都很喜欢批评别人，邻居之间常说闲话，总之那地方很不好住。我真高兴能够离开，那不是个令人愉快的地方。"

摇椅上的老人对陌生人说："那我得告诉你，其实这里也差不多。"

过了一会儿，一辆载着一家人的大车在老人旁边的加油站停下来加油。车子慢慢开进加油站，停在老先生和他孙女坐的地方。

这时，一位先生从车上走下来，向老人说道："住在这市镇不错吧？"老人没有回答，又问道："你原来住的地方怎样？"那位先生看着老人说："我原来住的城镇每个人都很亲切，人人都愿帮助邻居。无论去哪里，总会有人跟你打招呼、说谢谢。我真舍不得离开。"老人看着这位先生,脸上露出和蔼的微笑:"其实这里也差不多。"

车子开动了,那位父亲向老人说了声谢谢,驱车离开。等到那家人走远,孙女抬头问老人:"爷爷,为什么你告诉第一个人这里很可怕,却告诉第二个人这里很好呢?"

老人慈祥地看着孙女说:"人们在评述一件事情的时候,很难做到公正。因为即使是陈述事实,也往往加入了自己的态度。第一个人一直在抱怨,他的心中充满了挑剔和不满,可是第二个人却懂得感恩,他能够看到人们的可爱和善良。我正是根据两个不同人的心理给出的答案啊!"

不管你搬到哪里,你都会带着自己的态度,由此可见,完全公正的事实是不存在的。抱怨与非抱怨的语言可能一模一样,但却很容易分辨出来,因为其中隐含的能量是不同的。如果你心中长期存有不满,说出来的话必然会带着抱怨的情绪。

如果你希望某人或当前的情势有所转变,这就是抱怨。如果你希望一切有别于现状,这就是抱怨。当你说完某句话觉得心有不妥时,那八成就是在抱怨了。

其实,眼前的不顺心,不会成为你一辈子的障碍。所以,即使面临困境,也不要因为不满或者悲观而抱怨,坚持一下,总会等到晴天。生命,是顺境与逆境的轮回。只要我们在逆境中也能坚持自己,再苦也能笑一笑,再委屈的事情,也能用博大的胸怀容纳,那么,人生就没有不能接受的事实。

当我们处于所谓的逆境,从内心抗拒着所处的现实时,不妨再想一想在路上奔跑的车辆,不论经历着怎样的颠簸和曲折,它们都快乐地一路向前。在曲折的人生旅途上,只要我们内心充满了阳光,用乐观的心打量这个世界,我们就会发现,原来不是生活不美好,而是我们一直在抱怨中扭曲了自己。我们要学会感恩,学会与人分享,学会在残缺中品味快乐,在逆境中感受幸福。

抱怨让你变得招人怨

在人群中,爱抱怨的人就像菟丝子一样,抱怨的情绪会像那线状的茎丝一样缠绕在其他人身上,为他人所厌恶。菟丝子寄生于其他植物身上,吸取的是营养，而抱怨的人则在不知不觉中榨取他人的能量，直到被周围的人群放逐。

戈洛尔是公司的业务精英。在年终业绩评比时，他的业绩名列整个集团公司的第五名。按照惯例，业绩在公司前六名的员工可获得一大笔年终奖金。对此，戈洛尔兴奋极了，甚至他已经许诺为妻子买一条白金项链。

可万万没想到的是，公司公布的获奖名单上竟然没有他的名字！第七名都入围了，唯独裁掉了他，凭什么？

戈洛尔怒气冲冲地去找上司讨个说法。上司看到他一点也不意外，说这次绩效考核，不仅看业绩，而且还要看平时的表现，尤其是个人的心态。很多同事都反映戈洛尔的牢骚与抱怨太多了，影响了公司的团队合作士气，甚至让同事间彼此产生很多误会，导致一些客户丢失，所以公司决定取消戈洛尔的得奖资格。

上司的一番话，像一记炸雷撞击着戈洛尔的心。他先是诧异，继而愤怒，接着是羞愧，他低下了头，脸上阵阵发烧。上司安慰地拍拍他的肩膀，语重心长地说："我能理解你现在的心情，回去好好反思反思，相信明年见到的你会是一个全新的人。"

那一刻，他感到全公司的同事都在嘲笑他、奚落他，让他感到无地自容。对上司的话，他几乎找不到一点反驳的理由，因为他的确就像上司说的那样，爱发牢骚，爱抱怨，同事们都私下里叫他"抱怨鬼"。

其实戈洛尔是个非常有才华的人，他本来可以得到更好的工作，但是由于一些变故他才来到了现在的公司。所以，从进入公司的第一天起，他就怨天尤人，让上司和同事都觉得不愉快。他常常觉得一身才气没受到重用，便不免牢骚满腹。他常常抱怨命运不公，抱怨上司事情处理得不好，抱怨同事爱挑他的毛病，抱怨手下人能力不济……总之，从上司到同事，他从来都是不合作、不屑与不满的态度，走到哪里都在发牢骚，都在抱怨，在公司里与同事说，在外面与客户说，牢骚与他形影不离。

其实，几乎在每一个团体

里，都有像戈洛尔这样的"牢骚族"或"抱怨族"。他们每天轮流把"枪口"指向团队中的任何一个角落，埋怨这个、批评那个，而且，从上到下，很少有人能幸免。他们的眼中处处都能看到毛病，因而处处都能看到或听到他们的批评、发怒或生气。这些人把自己、别人或任何事情都看得太严重，心里稍不平衡便歇斯底里地发作，满腹牢骚，看谁都不顺眼，仿佛世界上所有人都做了对不起他的事。不但如此，他们还整天喋喋不休地到处找人发泄不满，甚至大放厥词，自己抱怨也就罢了，还老想把别人也拉下水。天长日久，不但会给团队制造麻烦，甚至造成其他人之间彼此猜疑。没有人喜欢与老是抱怨不停的人为伴，没有人愿意自己成为别人的枪口，于是，被疏离、失道寡助便是这些人最后的下场。

不停抱怨的人，终有一天，他们会用自己播下的蒺藜伤到自己。

批评无法消弭问题，只会扩大事端

著名的心理学家杰丝·雷耳曾说过："称赞对温暖人类的灵魂而言，就像阳光一样，没有它，我们就无法成长开花。但是我们大多数的人，只是忙于躲避别人的冷言冷语，而我们自己却吝于把赞许的温暖阳光给予别人。"

你喜欢温暖的阳光，还是喜欢带着冬天寒气的冷言冷语呢？以前，威尔·鲍温一直以为批评与指责往往比温和的语言更有针对性，效果也会更加明显，但是通过一件事情，他发现有时候批评并不能消弭问题。

鲍温的家在一个弯道的拐角处，距离速限从25英里到55英里的交接处很近，所以，常常有人开着车飞速地从他家门前驶过，他的爱狗金吉尔就死在一辆疯狂行驶的车下。

后来，当鲍温在花园里除草的时候，每看到飞速驶过的车辆他就会朝着驾驶员大喊，以便让司机将车速降下来，但是，即使他挥舞着双臂示意司机开慢一些，也很少能够实现想要的效果，这令他非常恼火。在那些从未减速的车辆中，有一辆黄色的跑车给他留下了深刻的印象，驾驶员是一个年轻的女郎。鲍温始终不能想明白，这么年轻美丽的一位女士，为何总是把车开得像疯狂的赛车一样？

有一天，当她再次驾车飞快地经过时，鲍温正开着除草机割草，他的妻子正在花园边缘种花。鲍温放弃了让她减速的努力，继续专心地工作。但是那辆车刹车灯亮了一下，居然神奇地慢了下来。鲍温第一次看到这辆车不是以要命的速度呼啸而过，他甚至觉得出现了幻觉，因为那位年轻的女郎在朝他和妻子微笑。

当女郎的车子远去之后，鲍温好奇地问妻子："到底发生了什么？她居然将车开得这么慢！"

妻子笑了笑，回答他："我只是朝着她微笑着招手打了个招呼，她也对我微笑，所以也就减慢了车速。"

他愣住了。他想起自己以前常常坐在割草机上愤怒地挥舞着自己的手臂，大声地提醒过往的司机注意车速，在他们看来，自己是不是像一个脾气暴躁的疯子？而那辆黄色的跑车，从来没有因为鲍温的愤怒和指责慢下来，但是今天它却因为一个微笑而优雅地驶过。

那时候鲍温突然想道：没有人喜欢批评的语言。批评往往只会扩大，却不会消弭事端。而且，批评的本质其实是带着利刃的抱怨，既让人讨厌，又令人鄙视。

事实上，人人都会犯错，但"没有什么人比那些不能容忍别人错误的人更经常犯错误的"。不幸的是，总有人习惯严于律"人"，一旦他人犯了错误，总有人会站在制高点上指责埋怨，这样的人，就是周围人心中的地狱。当抱怨他人成为一个人生活中的必修课时，他的生活就会在这种抱怨中腐败变质，而自己却久而不闻其臭，成了"抱怨"的牺牲品。

不要用批评的方式发泄心中的牢骚，正所谓"牢骚太盛防肠断"，一个人的能力会在批评下萎缩，而在鼓励下绽放花朵。所以，如果你想从别人那里得到温暖的阳光，就不要用冷冰冰的言语和面孔对待他人。

有些人似乎养成了一种恶习，他们动辄就批评、指责他人，甚至有人以此为快。他们常常不自觉地射出抱怨之箭，中伤他人。其结果要么伤害他人，要么被人抵挡，反而自伤。

懂得感恩的人拒绝抱怨

我们曾经在感恩节的晚餐桌前表达过无数的感谢，但是你是否感谢过上帝没有使你成为一只火鸡？

感恩节前，波士顿一家幼儿园的老师在课堂上给孩子们提了一个问题。

"感恩节快到了，孩子们，你们可不可以告诉我，你们将要感谢什么呢？"老师让孩子们思考了一会儿，然后开始点名。

"琳达，你要感谢什么？"

"我的妈妈天天很早起来给我做早饭，我想，我在感恩节那天一定要感谢她。"

"嗯，不错。彼得，你呢？"

"我的爸爸今年教会了我打棒球，所以我特别想感谢他。"

"嗯，能打棒球了，很好！玛丽。"

"无论是上学还是放学，学校的守门人总是微笑地看着我们来来往往。虽然她自己很孤单，没有多少人关心她，但她却把关怀的微笑送给我们每一个孩子。我要在感恩节那天给她送一束花。"

"很好！杰克，轮到你了。"老师微笑地看着前排的小男孩。

"我们每年感恩节都要吃火鸡，大大的火鸡，肥肥的火鸡，大家见着都非常爱吃。他们只是大口大口地吃火鸡，却从不想一想火鸡是多么的可怜。感恩节那天，会有多少只火鸡被杀掉呀……"

"能不能简短一些？我觉得你跑题了，杰克。"

杰克向四周望了一眼，开心地说："我要感谢上帝没有让我变成一只火鸡。"

不知道这位老师对杰克的答案是否满意，但是读完这个故事后，我们是不是也该在心里由衷地感谢上帝没有让自己变成一只火鸡？

快乐是如此简单的一件事，只要懂得感恩，抛下一切杂念，原来美好的事物触手可及。随着年龄的增长，有一个奇怪的想法常常在威尔·鲍温的脑海里打转："如果最后一次梳头时，我能知道这是我最后一次有机会梳头，我一定会更加享受那一段时光。"

假如放下心中的抱怨和不满足，把生命中的每一段经历当作最后一次去珍惜，感恩生活赐予我们的每一件事物、每一种经历，我们是不是会活得更加轻松、更加快乐呢？

有一颗感恩的心，会让我们生活的世界多一些宽容与理解，少一些指责与推诿，多一些和谐与温暖，少一些争吵与冷漠，多一些真诚与团结，少一些欺瞒与涣散……

一个不知道感恩的人，只会向别人索取，而不知道给予，当他的索取得不到满足的时候，他就会抱怨。这种自私的人从来体会不到简单的幸福，体会不到相互给予的快乐和由自身为他人制造的快乐中延伸而至的幸福。

如果你有一颗感恩的心，你会对你所遇到的一切都抱着感激的态度，这样的态度会使你消除怨气。早上起来的时候，你看到窗外的阳光，你会感恩；吃一块面包，你会感恩；接到朋友的电话，你会感恩；在树上看到一只鸟在唱歌，你会感恩；看到猫咪睡在你的床头，你会感恩；然后你的一天乃至你的一生，就在这感恩的心情中度过，那你还有什么不幸福的呢？

有怨气不如有志气

美国人常开玩笑说，是一位布朗小姐的厚此薄彼，才刺激"造就"了一位美国总统。

在读高中毕业班时，查理·罗斯是最受老师宠爱的学生。他的英文老师布朗小姐，年轻漂亮，富有吸引力，是校园里最受学生欢迎的老师。同学们都知道查理深得布朗小姐的青睐，他们在背后笑他说，查理将来若不成为一个人物，布朗小姐是不会原谅他的。

在毕业典礼上，当查理走上台去领取毕业证书时，受人爱戴的布朗小姐站起身来，当众吻了一下查理，向他表示了个出人意料的祝贺。

当时，人们本以为会发生哄笑、骚动，结果却是一片静默和沮丧。许多毕业生，尤其是男孩子们，对布朗小姐这样不怕难为情地公开表示自己的偏爱感到愤恨。不错，查理作为学生代表在毕业典礼上致告别词，也曾担任过学生年刊的主编，还曾是"老师的宝贝"，但这就足以使他获得如此之高的荣耀吗？典礼过后，有几个男生包围了布朗小姐，为首的一个质问她为什么如此明显地冷落别的学生。

布朗小姐微笑着说，查理是靠自己的努力赢得了她特别的赏识，如果其他人有出色的表现，她也会吻他们的。

这番话使别的男孩得到了些安慰，却使查理感到了更大的压力。他已经引起了别人的嫉妒并成为少数学生攻击的目标。他决心毕业后一定要用自己的行动证明自己值得布朗小姐报之一吻。毕业之后的几年内，他异常勤奋，先进入了报界，后来终于大有作为，被杜鲁门总统亲自任命为白宫负责出版事务的首席秘书。

当然，查理被挑选担任这一职务也并非偶然。原来，在毕业典礼后带领男生包围布朗小姐并告诉她自己感到受冷落的那个男孩子正是杜鲁门本人。布朗小姐也正是对他说过："去干一番事业，你也会得到我的吻的。"

查理就职后的第一项使命，就是接通布朗小姐的电话，向她转述美国总统的问话：您还记得我未曾获得的那个吻吗？我现在所做的能够得到您的评价吗？

倘若杜鲁门因为布朗小姐的冷遇而一蹶不振，终日抱怨，那么，美国人将失去一位优秀的总统，而杜鲁门本人则会与精彩的人生擦肩而过。

生活中，当我们遭到冷遇时，不必沮丧，不必愤恨，树立更加伟大的理想，并坚定地维护，唯有全力赢得成功，才是对曾经的屈辱最好的答复和反击。

不能因为月缺，就抱怨月亮不圆；不能因为日食，就指责太阳也不可靠。任何人都会遇到喜与忧，任何一天都有好与坏，所以，不要抱怨生活的不公，冷遇对于一个真正坚韧的人来说，是一把打向坏料的锤，打掉的是脆弱的铁屑，锻成的是锋利的钢刀。每一次锤打都是痛苦的，但历经的锤打越多，这把钢刀就越锋利，最终，你能够用这把由自己锻造的钢刀开辟自己的战场。

上天赋予我们生命的同时，在上面附加了许许多多的苦难。如果你期望自己能够有个不平凡的人生，就不要抱怨"冷遇"与"困难"的到来，因为，那些逆境中的折磨，正是你成就非凡人生的垫脚石，是上天恩赐于你的最好的礼物。

用行动为抱怨画上休止符

要迎着晨光实干，而不要对着晚霞抱怨。你的行动能够给每一天增添亮色，而你的抱怨则会遮蔽晚霞原有的灿烂。

有一天，某位农夫的驴子不小心掉进一口枯井里，农夫绞尽脑汁也想不到办法把驴子救出来。最后，农夫不得不决定放弃，为了减轻它的痛苦，农夫便请来左邻右舍帮忙，想将井中的驴子埋了。

邻居们开始将泥土铲进枯井中。当第一锹土落入井里时，驴子叫得格外凄惨，它知道自己的末日来临了。但出人意料的是，一会儿之后这头驴子就安静下来了。农夫好奇地探头往井底一看，眼前的景象令他大吃一惊：

当铲进井里的泥土落在驴子的背部时，驴子的反应是将泥土抖落掉，然后站到铲进的泥土堆上面！

就这样，驴子将大家铲到它身上的泥土全数抖落到井底，然后再站上去。慢慢地，这头驴子便得意地上升到井口，然后，在众人惊讶的表情中快步地跑开了。

如果你像那头不幸的驴子，不慎掉进了井里，你会怎么办呢？

追逐虚名的人把幸福寄托在别人的言辞上；贪图享乐的人把幸福寄托在自己的感官上；不满现实的人把幸福寄托在不停的抱怨里；而有理智的人，则把幸福安置在自己的行动之中。

通用公司曾经有两名职员，当她们的名字都出现在裁员名单上时，两个人的不同反应决定了她们不同的命运。

艾丽和密娜达都是通用公司内勤部办公室的职员，有一天她们被通知一个月之后必须离岗，这对两个年轻姑娘来说，都是一个沉重的打击。

第二天上班时，艾丽的情绪依旧很消沉，但是委屈却让她难以平静下来。她不敢去和上司理论，只能不住地向同事抱怨："为什么要把我裁掉呢？我一直在尽最大的努力工作。这对我来说太不公平了！"同事们都很同情她，不住地安慰她。当第三天、第四天，艾丽依然不停地抱怨时，同事们开始感到厌烦了，却不得不装作认真倾听的样子。而艾丽只顾着发牢骚，以至于连她的分内工作也耽误了。

而密娜达在裁员名单公布后，虽然哭了一晚上，但第二天一上班，她就和以往一样开始了一天的工作。当关系比较好的同事悄悄安慰她时，她除了表达感谢，还在诚恳地自我反省:"一定是我某些地方做得还不够,所以,这最后的一个月里,我一定要更加努力地工作,这是一个很好的让自己反思的机会。"所以,在离职之前的一个月中,她仍然每天非常勤快地打字复印,随叫随到,坚守在她的岗位上。

一个月后,艾丽如期下岗,而密娜达却被从裁员名单中删除,留了下来。内勤部的主任当众传达了老总的话:"密娜达的岗位,谁也无可替代,密娜达这样的员工,公司永远不会嫌多!"

人在面临困境的时候,不要抱怨命运,因为抱怨不但会让自己内心痛苦不堪,而且在怨天尤人的愤怒情绪中,只会把事情搞得越来越糟,把解决问题的机会再次错过。抱怨除了使自己对待他人的态度很恶劣以外,还会令自己一事无成。

一位伟人曾说,"有所作为是生活中的最高境界。而抱怨则是无所作为,是逃避责任,是放弃义务,是自甘沉沦"。不管我们遇到了什么境况,喋喋不休地抱怨注定于事无补,甚至还会把事情弄得更糟。所以,不妨用实际的行动来打破正在桎梏你的藩篱,用行动为你的抱怨画上一个完美的休止符。

PART 03
《失落的致富经典》
——没有穷困的世界，只有贫瘠的心灵

财富既是一个人的奋斗目标，也是实现成功不可或缺的条件。这本《失落的致富经典》（华莱士·D.沃特尔斯），告诉你，世界上确实有一门有关如何致富的学问存在，而且它并不需要多高的学问，也并不难懂，它就像代数或算术一样，是一门精准的学问。只要你按其行事，那么你很快就会致富，这个过程就像"一加一等于二"一样确定。

让任何人致富的法则

100个富翁，会有100个发家故事，100种创富经历，100条致富之路。如果你向身边的人请教到底该如何致富，那么100个人可能会有100个答案：排队买彩票的人会告诉你致富完全靠运气；银行职员会告诉你致富全靠储蓄；保险代理人会告诉你致富全靠保险；你的老师会告诉你致富全靠教育基础；珠宝店的老板会对你说致富全靠投资珠宝；期货市场的炒家会告诉你致富全靠期货买卖……

但是本书作者的答案和他们的肯定不一样，因为他相信世界上有一种致富法则可以让所有人成为富翁。

现在，你可能是世界上最潦倒的人：你没有任何家族背景，甚至没有储蓄超过万元的朋友，你没有任何的资源可以利用，没有任何影响力，甚至债台高筑、居无定所。如果他告诉你这样穷困的你也能成为百万富翁乃至世界首富，恐怕你自己都不肯相信。但是请相信他的观点，无论你现在什么样子，就像有因就会有果一样，只要你开始按"既定的法则"做事，你就一定会逐渐富裕起来。

世间万物，包括我们已经获得的和将要获得的财富都源自一刻不停、按照规律运行的宇宙能量。宇宙有规律地运行创造了世界上所有的物质奇迹，而人类的思想是影响宇宙能量创造财富的唯一动力。所以，人的主观参与能够加大宇宙能量运行的活跃性和丰富性。

当你的思维运动与双手的创造结合在一起时，人就能从思想的动物转变为具有行动力的机器，人的想法在大脑中构思成熟，然后借助双手的力量和自然的资源转变为物质的现实。这个过程便是人类参与、影响宇宙能量运行的过程，也是创造财富的过程。

所以，不要囿于对地球上已经存在的事物的修修补补，而是激发自己更多的创造力，将自己具有创造性的思想传递给宇宙，与宇宙能量一起合作，才能丰富宇宙的财富，也充实自己的财富。这便是可以让任何人致富的既定法则。那些成功的人，一定经受住了既定法则的考验，但有些人却偏偏将他人的成功与自己的失败都归因于所谓的命运。而美国银行大王摩根却相信，所谓的命定都是骗人的。

有人说，摩根的手掌上有条成功线，所以他才能够成为"银行界的巨子"。但摩根先生从不相信这样的鬼话。

他说："我在这10多年间，细细观察过自己的亲戚、朋友和职员的手掌，有这根成功线的，不下2000多人，但他们最后的境遇大部分都不太好。假如说，有成功线的人都可以获得成功的话，为什么这2000多人又是例外呢？根据我的观察，在这2000多个有成功线而不能获得成功的人中，有500多个人是懒汉，他们懒惰得什么事也不肯动手。其中至少有300多人是傻子，连ABC也读不出正确的读音来！至少有600多人想奋发图强，做一点大事，但因为他们的人事关系处理得不好，或者因为他们本身根本没有学过什么专业的技能，或者因为他们刚在这项事业开了头之后受了一点点挫折，中途就放弃了，这样，他们的事业便失败了，而一生也只能在失败中度过！总之，手掌上有成功线的人未必会获得成功，其根源在于他们本身的缺陷，而并不是什么冥冥的主宰！"

所以，虽然每个人天生都拥有成为富人的机会，但若你不能遵照既定法则行事，不能够走上一条正确的创业道路，那么，你便会被这条可以让任何人致富的法则所抛弃。

即使你的手中没有那样一条成功线，但是没有资金的你一样能获得资金；入错了行的你能找到合适的行业；待错地方的你能找到合适的地方。从你现在从事的工作做起，从你现在所处的地方做起，按照能够让你成功的"既定的法则"做事，你便能一步步靠近这些生命的奇迹。

绘制你的精神图景，将目标可视化

梦想的力量总是由无到有，由小变大，由少到多，这中间需要一个渴望成功的人不断地努力与争取。

所以，所有目标的实现都是一个循序渐进的过程，不可能一蹴而就，更不可能一步登天。它需要人们一步一个脚印，脚踏实地去实现。一步步地去实现每一个小目标，是获得成功的关键，这就要求每个人即使尚处于在意念中绘制精神图景的阶段，也要尽量追求详尽和可行。

有一位牧师想建一座伊甸园一样的水晶大教堂，朋友问他预算，他坦率地说："我现在一分钱也没有，重要的是，这座教堂本身要具有足够的魅力来吸引捐款。"教堂最终的预算为700万美元。大家劝他放弃这个不可实现的念头，他坚定地拒绝了，开始了自己的募捐计划。

他先在心中构想了这座教堂的模样，甚至默默地计算大概需要多少根柱子、多少面窗户。然后他拿笔在纸上写了9种募捐计划：寻找一笔700万美元的捐款；寻找7笔100万美元的捐款；寻找14笔50万美元的捐款；寻找28笔25万美元的捐款；寻找70笔

10万美元的捐款；寻找100笔7万美元的捐款；寻找140笔5万美元的捐款；寻找280笔2.5万美元的捐款；寻找700笔1万美元的捐款。

30天后，牧师用水晶大教堂奇特而美妙的模型打动一个美国富翁捐出了第一笔100万美元。第40天，一对夫妻，捐出第一笔2000美元。60天时，一位陌生人寄给他一张100万美元的银行本票。6个月后，一名捐款者对他说："如果你的诚意和努力能筹到600万美元，剩下的100万由我来支付。"

第二年，他以每扇500美元的价格请求美国人认购水晶大教堂的窗户，付款办法为每月50美元，10个月分期付清。6个月内，一万多扇窗户全部售出。10年后，可容纳一万多人的水晶大教堂竣工，成为世界建筑史上的奇迹和经典，这座水晶教堂的所有花费已经超出预算，全部由牧师一人一点一滴募捐筹集。

信仰是人类认识自己智慧的力量的结果，由百折不挠的信念所支持的人的意志，比那些似乎是无敌的物质力量具有更大的威力。我们要尽量让自己的理想看上去非常清晰、美丽，且宏伟壮观，就像那庄严而精美的水晶教堂一样。但是，即使是这种带有理想化与传奇色彩的事情，也往往就是从一张纸、一支笔以及一个清单开始的。

明确的精神图景应该从把自己的理想描绘成一个具体的画面开始，这是最重要的一步，因为这是你的理想蓝图的基调。一位优秀的建筑师，不论是想修建一座摩天大楼还是森林里的一间木屋，都要先在图纸上画好它的效果图，而不能天马行空般地随意发挥。

当我们的蓝图成型之后，便要将其分散成更加具体细致的目标，因为很多事情不可能一步到位，"具体化"的过程是将精神图景转化为现实必经的阶段。

人生就像一场马拉松比赛，很多时候终点似乎遥不可及，但如果我们能把前方不远处的风景当作人生的路标，比如第一个标志是银行，第二个标志是一棵大树，第三个标志是一座红房子……这样做就能让我们更快到达终点。

没有穷困的世界，只有贫瘠的心灵

这个世界上从来不缺少任何致富的机会。穷人之所以贫穷，不是因为所有的财富都瓜分完毕,而是因为他们那贫瘠的心灵荒原上长满了杂草,却没有关于致富灵感的曼妙花朵。

是否善于思考是穷人和富人的差别之一,穷人往往一生都在等待财富与机遇的垂青,而富人之所以能够致富,就在于他们终生都在孜孜不倦地思索如何致富。

1975年3月的一天,菲力普先生在当天的报纸上偶然看到了一条新闻:墨西哥发现了类似瘟疫的病例。从看到这则消息的那一刻起,他就开始思考:如果墨西哥真的发生了瘟疫,则一定会传染到与之相邻的加利福尼亚州和得克萨斯州,而从这两州又会传染到整个美国。事实上,这两个州是美国肉食品供应的主要基地。如果真的出现了疫情,肉食品一定会大幅度涨价。

想到这些,他再也坐不住了,当即找医生去墨西哥考察证实,并立即集中全部资金购买了邻近墨西哥的两个州的牛肉和生猪,并及时运到东部。果然,瘟疫不久就传到了美国西部的几个州。美国政府下令禁止这几个州的肉食品和牲畜外运,一时美国市场肉类奇缺,价格暴涨。菲力普在短短几个月内,就净赚了900万美元。

在此创富事例中,菲力普先生运用的信息,是偶然读到的"一条新闻"和自身所掌握的地理知识:美国与墨西哥相邻的是"加州和得州",且两州为全美主要的肉食品供应基地。另外,依据常规,当瘟疫流行时,政府定会下令禁止食品外运;禁止外运的结果必然是,市场肉类奇缺,价格高涨。但是否禁止外运,决定于是否真的发生了瘟疫。因此,墨西哥是否发生瘟疫是肉类奇缺、价格高涨的前提。精明的菲力普立即派医生去墨西哥,以证实那条新闻的可靠性。他确实这样去做了,因此也获得了900万美元的利润。

类似菲力普这样运用预见性创富的实例,在商界不胜枚举。然而,他们能够致富所依靠的难道仅仅是所谓的"机遇"吗?事实上,这样的机遇平等地摆在每一个人面前,但并不是所有人都有能力抓住,因为他们从没有进行认真的思考。

美国成功学大师拿破仑·希尔博士依赖自己所创的"心理创富学"而拥有亿万资产,他曾指出:"人的心灵能够构思到而又确信的,就可以成为财富。"他依据这种想法提出了心灵创造财富的公式:财富=想象力+信念。在这个公式中,思考是我们无法忽视的重要一环,因为它将整个公式完美地串联了起来。

生命固有的内在动力总是驱使自身不断追求更加丰富多彩的生活。智慧的天性就是寻求自我的扩张，内在的意识总会寻求充分展示的机会。对于一个有智慧而又渴望财富的人来说，用思考的力量获取财富无疑是一件充满乐趣的事情。

大自然正是为生命的进化而形成，亦为生命的丰富多彩而存在。因此，大自然中蕴藏着生命所需的充足资源。我们相信，自然界的真谛不可能自相矛盾，自然界也不可能使自己已显现的规律失效。因此，我们更有理由相信，宇宙中资源的供应永远不会短缺。

记住这个事实：没有穷困的世界，只有贫瘠的心灵。谁也不会因大自然的供应短缺而受穷，那些穷人的窘迫并非完全是外界造就，更多是源自自己内心的贫瘠。其实，每个人都拥有一把打开财富之门的钥匙，只要你肯努力地去寻找，就会获得你想要的财富。

做个驯钱师，不做守财奴

巴勒斯坦有两个海，一个是淡水，里面有鱼，名为伽里里海。从山脉流下来的约旦河带着飞溅的浪花，成就了这个海。它在阳光下歌唱，人们在周围盖房子，鸟类在茂密的枝叶间筑巢，每种生物都因它而幸福。

约旦河向南流入另一个海。这里没有鱼的欢跃，没有树叶，没有鸟类的歌唱，也没有儿童的欢笑。除非事情紧急，旅行者总是选择别的路径。这里水面空气凝重，没有哪种动物愿意在此饮水。

这两个海彼此相邻，何以又如此不同？不是因为约旦河，它将同样的淡水注入。不是因为土壤，也不是因为周边的国家。区别在于：伽里里海接受约旦河，但绝不把持不放，每流入一滴水，就有另一滴水流出，接受与给予同在。

另一个海则精明厉害，它吝啬地收藏每一笔收入，绝不向慷慨的冲动让步，每一滴水它都只进不出。

伽里里海乐善好施，生气勃勃。另外那个则从不付出，它就是死海。

巴勒斯坦有两个海，世上有两种人：有些人，热爱自己的财富，但更热爱生活，所以，他们成了财富的主人；另一些人，珍惜自己的金钱就像珍惜生命一样，久而久之，就成了金钱的奴隶。吝啬的人，只能像死海一样死气

沉沉；而像伽里里海一样乐于付出，才能得到勃勃生机。

吝啬是一种畸形的人性，吝啬的人并不缺少金钱，然而其灵魂、精神却在日趋贫穷。吝啬的人一般都是自私和贪婪的，这类人总嫌自己发财速度太慢、发财"效率"太低，总想不劳而获或者少劳多获，因而常常挖空心思、不择手段地算计他人、算计社会。吝啬者口袋里的金钱或多或少地带有不洁的成分，廉耻、天良、真理都会沉溺在吝啬者的欲海之中。

然而，一个守财奴所能做到的无非是牢牢地抓紧自己手中的每一分钱，双手都紧握着，又用什么来创造呢？有的人为自己的吝啬披上了"节俭"的外衣，诚然，节俭不仅是积累财富的一块基石，也是许多优秀品质的根本。节俭可以提升个人的品性，厉行节俭对人的其他能力也有很好的助益。节俭在许多方面都是卓越不凡的一个标志。

节俭的习惯表明人的自我控制能力，同时也证明一个人不是其欲望和弱点的不可救药的牺牲品，他能够支配自己的金钱，主宰自己的命运。

创富就要崇尚节俭，但是必须注意绕开吝啬的沼泽地。有人曾说过："没有投资就没有回报。"舍不得播种的人也只能收获微薄的果实，对于农民是如此，对于商人亦如此。

英国著名文学家罗斯金说："通常人们认为，节俭这两个字的含义应该是'省钱的方法'；其实不对，节俭应该解释为'用钱的方法'。"合理利用你拥有的财富，它就会成为你获得更多财富的筹码；如果吝啬手中的每一枚金币，那么，它们只会成为仓库里废弃的金属。

潜心求知，生命才能不断增值

知识确有强大的功能，它能改造世界，也能造就人自身；它能增强人的智慧、能力，充实人的精神世界；它能化为强大的物质力量，也能改变人，使人更加完美。"知识就是力量"是英国哲学家培根的名言。他还认为："知识能塑造人的性格。人的天性就如野生的花草，求知学习好比修剪移栽。"所以，一个人如果想充分发挥自己的创造能力，首先应该开发自己的学习能力，潜心求知，勤奋为学。

学习是一件最需要去做的事情，就像要保持良好的能量水平，就应该不断补充物质营养和精神营养。补充营养是一个充电的过程，也就是学习的过程。在成功的路上，人需要不断地充电；只有不断地充电，不断地学习，才能在"成功"的货币流通领域不断增值。

一个人愈能储蓄则愈易致富。你愈能求知，则你愈有知识。你能多储一分知识，就足以多丰富你的一分生命。这种零星的努力、细小的进益，日积月累，可以使你于日后大有收益，可以使你更为充实，更丰满，可以使你更能应付人生。

学习也要讲究方法，但不管学习的方法多么高深复杂，勤奋是不可缺少的基础。所以，要想在学习中有所得，必须做到不尚浮躁，"傻劲"十足。英国思想家尔莱尔说："天才就是无止境刻苦勤奋的能力。"惰性则是勤奋的敌人。追求成功者要时时向惰性宣战，并战而胜之。走遍世界，从没见过不费气力即唾手可得的成果，也没有一蹴而就的事业。无论学知识、干工作、搞研究，唯有不辞劳苦，才能拥抱辉煌。成果是勤奋跋涉后的收获，成功是披荆斩棘后的奖赏。成功没有捷径，靠投机取巧、浮躁钻营的人，是难以摘到智慧之果的。成功的人，无不具有一股傻劲。"傻气"是渴求成功者的秉性。苏联作家法捷耶夫为了保证写作质量，每一篇小小的作品都必定改写和誊写五六次，有时甚至更多。所以，那些成功人士莫不经历了勤奋耕耘的学习阶段才有所成就。

除了勤奋，若想在学习上有所成就还需要一颗坚定的进取心。

1944年4月7日施罗德出生在下萨克森州的一个贫民家庭。他出生后第三天，父亲就战死在罗马尼亚。母亲当清洁工，带着他们姐弟二人，一家三口相依为命。

生活的艰难使母亲欠下许多债。一天，债主逼上门来，母子抱头痛哭。年幼的施罗德拍着母亲的肩膀安慰她说："别伤心，妈妈，总有一天我会开着奔驰车来接你的！"

1950年，施罗德上学了。因交不起学费，初中毕业他就到一家零售店当学徒。贫穷带来被轻视和瞧不起，他立志要改变自己的人生："我一定要从这里走出去。"他想学习。他在寻找机会。1962年，他辞去了店员之职，到一家夜校学习。他一边学习，一边到建筑工地当清洁工。四年夜校结业后，他进入了哥廷根大学夜校学习法律。毕业之后，他当了律师。在工作之后，他依然不断地充实着自己的知识，同时也时刻牢记着自己对母亲的许诺，追求着更加丰富的人生。后来，他涉足政界。1998年10月，施罗德走进了联邦德国总理府。

进取心是一种永不停息的自我推动力，激励着施罗德不断挖掘自己的学习能力和创造力，朝着自己的目标前进。这既是人为力量催生的蓓蕾，也是神秘的宇宙力量在人身上的体现。

所以学习吧，一旦我们有幸受到学习这种伟大推动力的引导和驱使，我们就能自觉地追求完美的人生，在学习的过程中成长、开花、结果。

另辟蹊径，寻找隐藏的财富

有人说："我不知道世界上是谁第一个发现水，但肯定不是鱼。因为它一直生活在水中，所以始终无法感觉水的存在。"

其实人类社会中的很多现象蕴含着与之相同的道理。生活中有很多可以创新的空间，但由于传统思维方式的限制，我们往往视而不见或盲目排斥，遏制了创新本身的发展空间。敢于创新，要有打破常规的勇气，要与惯性思维做斗争，还要保持对人、对物的敏感性和好奇心。不敢越雷池一步，就永远跳不出条条框框的制约。

很久很久以前，人类都还光着脚走路。而鞋子的诞生，就来源于一位仆人突破固定思维模式的创新。

一位国王到某个偏远的乡间旅游，由于路面崎岖不平，有很多碎石头，刺得他的脚板又痛又麻。回到王宫后，他下了一道命令，要将国内所有的道路都铺上一层牛皮。他认为这样做，不只是为自己，还可造福他的子民，让大家走路时不再受刺痛之苦。

但是，哪来这么多的牛皮呢？即使杀光所有的牛，也凑不到足够的皮革啊！而所花费的金钱、动用的人力，更不知道有多少。

这个办法是很愚蠢而且是根本做不到的，但因为是国王的命令，大家也只能摇头叹息。

一位聪明的仆人大胆地向国王提出建议："国王啊！为什么您要劳师动众，

牺牲那么多头牛，花费那么多金钱呢？您何不只用两小片牛皮包住您的脚呢？"

国王听了很惊讶，因为这确实是一个更高明的办法。他当下领悟，立刻收回成命，采纳了这个建议。

于是，世界上就有了皮鞋。

当我们发现自己所走的路前方不通时，可以通过思考，勇于质疑，换一种思维，便能够取得意想不到的收获。否则，或许我们直到今天仍然光着脚走在牛皮铺垫的路上。

在我们的世界上，有创造力的人，到处都有出路，到处都需要他。但模仿者、追随者、因循守旧者，绝少有开辟新路的希望，也不会受到人们的欢迎。世界上更需要的是具有创造力的人，因为他们能脱离旧的轨道，打开新的局面。

标新立异的人，向着洒满阳光的大道走去。他们不会去做已有很多人在努力做的某项工作，也不会用别人所用过的方法，他们只是按照自己的思维，做着他们自己的事情。

对于试图成功的人来说，必须明白：人们为了取得对尚未认识的事物的认识，总要探索前人没有运用过的思维模式和行动方法，寻找没有先例的办法和措施去分析认识事物，从而获得新的认识和方法，锻炼和提高人的认识能力。

这个时代并不欠缺机会，而是欠缺创意。只要你有新奇的想法，并付诸行动，就已经成功了一半。在生活的每个角落里，都隐藏着一些新鲜的东西，如果我们能够想到这一点，不断地从偶然的机会中挖掘对自己有用的信息，不断开发自己的创新能力，就能够打破思维的桎梏，使自己的生活和工作都更有创意。

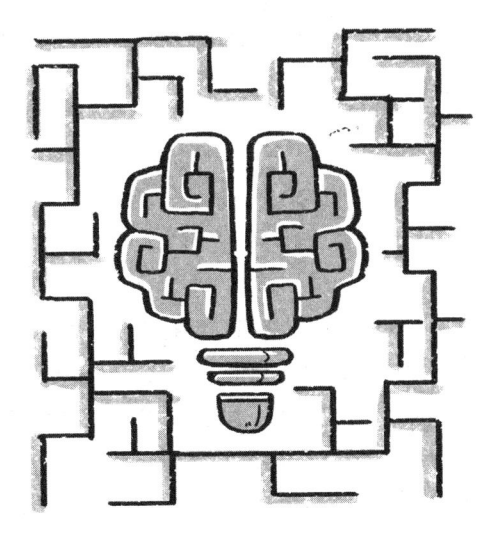

PART 04
《受苦的人没有悲观的权利》
——谁敷衍生命，生命就敷衍谁

本书从困境、定位、自信、潜能、机遇、行动、勇气、积极思考、心态等方面进行了充分的论述，旨在告诉人们：面对困境，不但不能悲观消极，还要比别人更积极。期望通过阅读本书，那些身处水深火热之中的人们能够用积极正确的思考方式，以一种全新的信念来战胜挫败，实现人的一生中最具创意的价值。

拿一手坏牌并不注定就是败局

四个人相约一起打牌。于是，正襟危坐，定下玩牌的规矩：谁的牌先出完谁就赢。当然，任何人可以在接完牌之后选择弃权，不过，在起初选择弃权的人不是输牌者，最终的输牌者是最后出完牌的人。

揭完牌后，打牌者表情各不一样。甲偷看别人的反应，乙面无表情，丙自言自语地念叨，而丁则是满脸笑容。

经过一番思忖之后，甲放下了手中的牌，选择弃权。因为他认为自己既没有关键时刻发威的王牌，也没有一下子可以出去好些张的串牌，细观其他三人的神情，他判断出：别人的状况一定比他好，倒不如选择保险做倒数第二。

于是，四个人的角逐立马成了三个人的"游戏"。起初的出牌没有任何"刀光剑影"。看样子三人静候出绝招的时刻的到来。于是，当丁连续出几次小牌的时候，乙和丙都面带诡异之色地表示放他一马。但最后的结局让其余三人都大跌眼镜。

当不断出小牌的丁甩出最后一把牌的时候，乙和丙手中握着满手的好牌惊呼：不可能！

原来，乙一直想着丁一定有能够出奇制胜的王牌，所以不敢轻易放出自己的王牌，[...]牌被浪费。而丙靠自己的经验：王牌一定要在别人出王牌的时候[...]有赢牌的可能。所以他们都在等待，最终都等到了失败。

[...]来揭到手的牌，最坏的牌竟然在打牌者丁手里，但是他却

[...]时候就如这场牌局一样，结果看似不可思议，但是确实千真[...]手坏牌的人，竟然能够在这么多的强者中遥遥领先，谁敢[...]？假如甲不弃权，假如乙不犹豫，再假如丙不受经验的束[...]想出无数种假如，假如不这样，假如不那样，否则自己[...]总是有很多的借口，但有没有问过自己是否[...]定？是否有拿到坏牌时决心将它打好的[...]困境中寻找出口？都没有。

[...]翘首以盼满手的好牌时，却常常失[...]落，一蹶不振，甚至放弃，于是[...]风水不好。拿着满手的牌，人[...]难以释怀。等到摊开牌之后[...]不如！但胜利的表情已经

[...]不到最后一刻谁也猜不[...]得肯定会赢，反而会输[...]到后来也许大获全胜。[...]坏，而在于打得好不

[...]、每一个企业都是[...]匍匐前进，每一[...]们可以做的就[...]的曙光。

生活反复无常，每一个人和每一个企业都有抓到坏牌的时候，或者是因为本身所拥有的条件不好，或者只是在行走的过程中遇到了阻挠：辍学、失业、失恋，企业资金短缺、人才匮乏、市场不够、缺乏核心竞争力等，都是在我们头上重重敲击的那一锤，但这些并不意味着牌局就已经定了，相反，满手坏牌依然可以成功。

有这样一个人：22岁，生意失败；23岁，竞选州议员失败；24岁，生意再次失败；25岁，当选州议员；26岁，情人去世；27岁，精神崩溃；29岁，竞选州长失败；34岁，竞选国会议员失败；37岁，当选国会议员；39岁，国会议员连任失败；46岁，竞选参议员失败；47岁，竞选副总统失败；49岁，竞选参议员再次失败；51岁，当选美国总统。这个人就是林肯，美国历史上著名的总统。

林肯手中的牌不但很坏，甚至可以说糟透了，但他硬是将手中的坏牌打出了好的结局。他依靠的是什么？就是在失意的时候，他从来没有放弃过，自强、自立使他一路风雨兼程，最终获得了成功。

实际上，制约一个人发展的关键根本不是目前所持牌的好坏，而在于我们每个人能否继续打牌，因为，很多人只是在成功即将到来的那一刻放弃了。成功在于坚持不懈地努力，否则一切只能是镜花水月。

面对挫折，只有自强者才能战胜困难、超越自我。如果一味地想着等待别人来帮忙，只能落得失败的下场。凭着自己的努力可以解决任何问题，永远可以依赖的人只有自己！

做一个不想"如果"只想"如何"的人

问题面前有两种人：一种人一味退缩，"我不行，我找不到好方法"；另一种人迎难而上，坚信如果有一千个问题，必有一千零一个方法。后一种人永远不会被问题难倒，他们总能找到适当的方法。

无论在生活，还是在工作中，我们总会碰到各种各样的问题。这些问题跌眼镜。

当不断出小牌的丁甩出最后一把牌的时候，乙和丙手中握着满手的好牌惊呼：不可能！

原来，乙一直想着丁一定有能够出奇制胜的王牌，所以不敢轻易放出自己的王牌，担心王牌被浪费。而丙靠自己的经验：王牌一定要在别人出王牌的时候去压过他，这样更有赢牌的可能。所以他们都在等待，最终都等到了失败。

摊开四个人原来揭到手的牌，最坏的牌竟然在打牌者丁手里，但是他却成了最后的赢家。

其实，人生有时候就如这场牌局一样，结果看似不可思议，但是确实千真万确地存在。一个满手坏牌的人，竟然能够在这么多的强者中遥遥领先，谁敢说他凭借的只是运气？假如甲不弃权，假如乙不犹豫，再假如丙不受经验的束缚……人往往总是会设想出无数种假如，假如不这样，假如不那样，否则自己就是赢家。输牌的时候总是有很多的借口，但有没有问过自己是否有这份拿到坏牌时的淡定？是否有拿到坏牌时决心将它打好的勇气？能否全力以赴地在困境中寻找出口？都没有。

人生犹如牌局，当你翘首以盼满手的好牌时，却常常失望而归。于是开始伤心、失落、一蹶不振，甚至放弃，于是次次失落，你甚至开始怀疑风水不好。拿着满手的牌，人总是觉得别人的牌好，所以总难以释怀。等到摊开牌之后惊呼：别人连我的牌的一半也不如！但胜利的表情已经洋溢在别人的脸上。

人生犹如牌局，扑朔迷离，不到最后一刻谁也猜不出究竟哪一个是赢家。可能你觉得肯定会赢，反而会输得很惨，你觉得可能输得很惨，到后来也许大获全胜。获胜的关键不在于拿到手的牌的好坏，而在于打得好不好。

在通往赢牌的道路上，每一个人、每一个企业都是黑暗中的舞者，在不断的摸爬滚打中匍匐前进，每一次迈步都是艰难的。在艰难之中，我们可以做的就是坚持，很可能，下一刻就会见到胜利的曙光。

生活反复无常，每一个人和每一个企业都有抓到坏牌的时候，或者是因为本身所拥有的条件不好，或者只是在行走的过程中遇到了阻挠：辍学、失业、失恋，企业资金短缺、人才匮乏、市场不够、缺乏核心竞争力等，都是在我们头上重重敲击的那一锤，但这些并不意味着牌局就已经定了，相反，满手坏牌依然可以成功。

有这样一个人：22岁，生意失败；23岁，竞选州议员失败；24岁，生意再次失败；25岁，当选州议员；26岁，情人去世；27岁，精神崩溃；29岁，竞选州长失败；34岁，竞选国会议员失败；37岁，当选国会议员；39岁，国会议员连任失败；46岁，竞选参议员失败；47岁，竞选副总统失败；49岁，竞选参议员再次失败；51岁，当选美国总统。这个人就是林肯，美国历史上著名的总统。

林肯手中的牌不但很坏，甚至可以说糟透了，但他硬是将手中的坏牌打出了好的结局。他依靠的是什么？就是在失意的时候，他从来没有放弃过，自强、自立使他一路风雨兼程，最终获得了成功。

实际上，制约一个人发展的关键根本不是目前所持牌的好坏，而在于我们每个人能否继续打牌，因为，很多人只是在成功即将到来的那一刻放弃了。成功在于坚持不懈地努力，否则一切只能是镜花水月。

面对挫折，只有自强者才能战胜困难、超越自我。如果一味地想着等待别人来帮忙，只能落得失败的下场。凭着自己的努力可以解决任何问题，永远可以依赖的人只有自己！

做一个不想"如果"只想"如何"的人

问题面前有两种人：一种人一味退缩，"我不行，我找不到好方法"；另一种人迎难而上，坚信如果有一千个问题，必有一千零一个方法。后一种人永远不会被问题难倒，他们总能找到适当的方法。

无论在生活，还是在工作中，我们总会碰到各种各样的问题。这些问题就像拦路虎，挡住了我们的去路，使我们战战兢兢，不敢前行一步。也许我们努力了，但还是无法成功，于是更多的人选择放弃，并安慰自己：算了吧，这是一个解决不了的问题，我还是不要再浪费时间了。

但是，问题真的解决不了吗？情况似乎并不是这样的。我们说：如果有一千个问题，必有一千零一个方法。

一位名叫康妮的小姐被美国全国汽车公司制造的一辆卡车撞倒，司机踩了刹车，卡车把康妮小姐卷入车下，导致康妮小姐被迫截去了四肢，骨盆也被碾碎。康妮小姐说不清楚自己是在冰上滑倒跌入车下还是被卡车卷入车下，马格雷先生则巧妙地利用了各种证据，推翻了当时几名目击者的证词，康妮小姐因此败诉。

伤心、绝望的康妮小姐向詹妮芙·帕克小姐求援。詹妮芙通过调查掌握了该汽车公司的产品近年来的15次车祸——原因完全相同，该汽车的制动系统有问题，急刹车时，车子后部会打转，把受害者卷入车底。

詹妮芙对马格雷说："卡车制动装置有问题，你隐瞒了它。我希望汽车公司拿出200万美元来给那位姑娘，否则，我们将会提出控告。"

马格雷回答道："好吧，不过我明天要去伦敦，一个星期后回来，届时我们研究一下，做出适当安排。"

一个星期后，马格雷却没有露面。詹妮芙感到自己上当了，但又不知道为什么上当，她的目光扫到了日历上——詹妮芙恍然大悟，诉讼时效已经到期了。詹妮芙怒气冲冲地给马格雷打了个电话，马格雷在电话中得意扬扬地放声大笑："小姐，诉讼时效今天过期了，谁也不能控告我们了！希望你下一次变得聪明些！"

詹妮芙几乎要被气疯了，她问秘书："准备好这份案卷要多少时间？"

秘书回答："需要三四个小时。现在是下午一点钟，即使我们用最快的速度拟好文件，再找到一家律师事务所，由他们拟出一份新文件交到法院，那也来不及了。"

"时间！时间！该死的时间！"詹妮芙急得在屋中团团转。突然，一道灵光在她的脑海中闪现——全国汽车公司在美国各地都有分公司，为什么不把起诉地点往西移呢？隔一个时区就差一个小时啊！

位于太平洋上的夏威夷在西十区，与纽约时间相差整整5个小时！对，就在夏威夷起诉！

詹妮芙赢得了至关重要的几个小时,她以雄辩的事实、催人泪下的语言,使陪审团的男女成员们大为感动。陪审团一致裁决:詹妮芙胜诉,全国汽车公司赔偿康妮小姐600万美元损失费!

寻找解决问题的方法虽然不容易,但方法总是有的,只要我们努力地思考。工作中的难题也是这样,所以在工作中,如果我们遇到了难题,就应该坚持这样的原则:努力找方法,而不是轻易放弃。

古希腊伟大的思想家柏拉图说:"思考的危机决定了一个人一生的危机。"同样,思考的失败,也决定了一个人一生的挫败。一个不善于思考难题的人,会遇到许多取舍不定的问题;相反,正确的思考能发生巨大作用,可以决定一个人应该采取什么样的行动。

要相信自己的大脑,要信任你的智慧。任何问题都不会有山穷水尽之时,在能补救之前不必绝望,而要冷静寻找对策。

不是因为跑得快,而是因为选对了路

有一个非常勤奋的青年,很想在各个方面都比身边的人强,但经过多年努力,仍然没有长进,他很苦恼,就向智者请教。

智者叫来正在砍柴的3个弟子,嘱咐说:"你们带这个施主到五里山,砍一担自己认为最满意的柴火。"年轻人和3个弟子沿着门前湍急的江水,直奔五里山。

等到他们返回时,智者站在原地迎接他们。年轻人满头大汗、气喘吁吁地扛着两捆柴,蹒跚而来;两个弟子一前一后,前面的弟子用扁担左右各担4捆柴,后面的弟子轻松地跟着。正在这时,从江面驶来一个木筏,载着小弟子和8捆柴火,停在智者的面前。

年轻人和两个先到的弟子,你看看我,我看看你,沉默不语;唯独划木筏的小徒弟,与智者坦然相对。智者见状,问:"怎么啦,你们对自己的表现不满意?""大师,让我们再砍一次吧!"那个年轻人请求说,"我一开始就砍了6捆,扛到半路,就扛不动了,扔了两捆;又走了一会儿,还是压得喘不过气,又扔掉两捆；最后，我只把这两捆扛回来了。可是，大师，我已经很努力了。"

"我和他恰恰相反，"那个大弟子说，"刚开始，我俩各砍两捆，将4捆柴一前一后挂在扁担上，跟着这个施主走。我和师弟轮换担柴，并不觉得累，反而觉得很轻松。最后，又把施主丢弃的柴挑了回来。"

划木筏的小弟子接过话，说："我个子矮，力气小，别说两捆，就是一捆，这么远的路也挑不回来，所以，我选择走水路……"

智者用赞赏的目光看着弟子们，微微颔首，然后走到年轻人面前，拍着他的肩膀，语重心长地说："一个人要走自己的路，本身没有错，关键是怎样走；走自己的路，让别人说，也没有错，关键是走的路是否正确。年轻人，你要永远记住：选择比努力更重要。"

生活中有很多人都在从事着自己并不喜爱的职业，于是总会发出"我也很努力，但就是做不到最好"的感慨。有的人会指责说这话的人工作态度有问题，不然真努力工作了，岂有做不好之理？其实归根结底并不是这些人不够爱岗敬业，而是职业本身并不是最适合他们的。换言之，要想真正把一项工作做得得心应手，就要选择正确的人生目标。那么，原来选错了怎么办？不要犹豫，放弃它，去把握属于你的正确方向。

人生的悲剧不是无法实现自己的目标，而是不知道自己的目标是什么。成功不在于你身在何处，而在于你朝着哪个方向走，能否坚持下去，没有正确的目标，就永远无法到达成功的彼岸。

想掌控未来，就要对未来有所预见

1910年，28岁的他只是一个从耶鲁大学中途辍学的木材商人。有一天，他在观看了一场飞行表演后突发奇想：为什么不把飞机改造成经济实用的交通工具呢？自此，他对飞机产生了浓厚的兴趣，并不断研究飞机的构造。因为那时飞机只处于启蒙时期，驾乘飞机只是少数人用以娱乐、运动的一种昂贵消费，所以当时科学界对他提出的所谓"发展航空事业"嗤之以鼻。但他并未就此放弃，而是开始了十几年如一日的飞机制造。

20世纪20年代，他觉得替美国邮政运送邮件将会是一桩赚钱的生意，于是决定参加"芝加哥—旧金山邮件路线"的投标。为了赢得投标，他把运输价格压得非常低，反而引起了专家们的怀疑，他们认为他的公司必倒无疑，甚至邮政当局也怀疑他能否撑得下去，要求他交纳保证金才肯签约。但他自信满满，他对公司所研制的飞机重量进行了严格要求，不出所料，他的邮件运送业务开始获利，很快，他从运送邮件发展到载运乘客。

二战结束后，航空工业空前萎靡，他的公司也停产了。为谋生计，他不得不转为制作家具，但仍想方设法供养着公司里的几个重要骨干，以保证飞机研发计划能继续进行。他身边传来各种各样的声音，大部分人认为他太过狂热，不切实际，但他坚信，航空业终究会柳暗花明，他说："我可以预见未来……"

他就是这样特立独行、我行我素。今天，这个"自以为是"的人所创立的飞机制造公司成为全世界最大的商用飞机制造公司之一，他便是闻名全球的波音飞机制造公司的创始人——威廉·波音。

"除了事实之外，再也没有权威，而事实来自正确的认知，预见只能由认知而来。"这是古希腊哲人希波克拉底的话，它也曾被作为座右铭挂在威廉·波音办公室的门上。

要想比别人看得远，我们就要比别人站得高些；要想比别人走得远，我们就要比别人想得远些。一个想掌控未来的人，就应该像威廉·波音一样对自己的未来有所预见，否则，只会陷入眼前的困惑中，想不开，走不出，不仅会减缓成功的速度，也容易多走弯路，甚至遭遇险情。

培养自己预见未来的能力，要先从培养细致准确的观察力和超前思考的能力入手。众多杰出人士的共同点就是善于观察和思考，通过这两项能力，他们才能看到别人看不到的前方，才能高瞻远瞩地看清时代的发展方向。他们的思维总是超前的，所以他们能够引领时代的潮流。

生活中，那些对自己的未来没有预见的人，往往会被眼前的利益所蒙蔽，看不到远方的危险。所以，要学会高瞻远瞩，培养自己预见未来的能力，拥有开阔的眼界，只有这样才能拓宽人生的平台，找到最合适自己的路。

在预见未来的时候，人非常容易犯想当然的错误，许多认识上的错误都是想当然造成的。事实上，貌似理所当然的事情往往并非必然，这是因为世界上的事物是错综复杂的，一个条件可得出多种结果，一果亦可能多因，影响事物变化发展的，除了必然性，还有偶然性。

想当然的猜测不是科学的预见，它会将我们的人生规划和行动引向歧途，所以我们要尽力减少想当然的错误，时时提醒自己不要轻易下结论，时时问自己："我的判断充分吗？我的预测合理吗？"只有这样，才能做出理性的判断和有价值的预见。

"要是我早点开始就好了！"这是很多人到了一定年龄后的感叹。为了避免将来后悔，最好及早开始。当然，人的预见不可能永远正确，也会有失误的时候，不过，以失误最少者为指针，则是不变的方法。能够弥补这种失误的方法，就是多观察、多思考，用理性的头脑分析问题。要知道，人生中有很多事情，不是靠你有意愿如此就能成功的，还需要智慧来慢慢实现。

永远别说"我不相信"

当我们面对成功者的时候，往往会感到自惭形秽，但马上又会为自己找到借口："我已经尽力了。"其实，我们能做的事情永远要比现在做过的多，不信你可以看看希拉斯·菲尔德先生的故事，他的故事能告诉我们什么是勇者的态度。

希拉斯·菲尔德先生退休的时候已经积攒了一大笔钱，然而他突发奇想，想在大西洋的海底铺设一条连接欧洲和美国的电缆。随后，他开始全身心地投入这项事业中。前期基础性的工作包括建造一条1000英里长、从纽约到纽芬兰圣约翰的电报线路。纽芬兰400英里长的电报线路要从人迹罕至的森林中穿过，所以，要完成这项工作不仅包括建一条电报线路，还包括建同样长的一条公路。此外，还包括穿越布雷顿角全岛共440英里长的线路，再加上铺设跨越圣劳伦斯海峡的电缆，整个工程十分浩大。

菲尔德使出浑身解数，总算从英国政府那里得到了资助。然而，他的方案在议会上遭到了强烈反对，在上院仅以一票的优势获得多数通过。随后，菲尔德的铺设工作开始了。电缆一头搁在停泊于塞巴斯托波尔港的英国旗舰"阿伽门农"号上，另一头放在美国海军新造的豪华护卫舰"尼亚加拉"号上，不过，就在电缆铺设到5英里的时候，它突然被卷到了机器里面，断开了。

菲尔德不甘心,进行了第二次试验。在这次试验中,在铺到200英里长的时候,电流突然中断了,船上的人们在甲板上焦急地踱来踱去。就在菲尔德先生即将命令割断电缆、放弃这次试验时,电流突然又神奇地出现,一如它神奇地消失一样。夜间,船以每小时4英里的速度缓缓航行,电缆的铺设也以每小时4英里的速度进行。这时,轮船突然发生了一次严重倾斜,制动器紧急制动,不巧又割断了电缆。

但菲尔德并不是一个会轻易放弃的人。他又订购了700英里的电缆,而且聘请了一个专家,请对方设计一台更好的机器,以完成这么长的铺设任务。后来,英美两国的科学家联手把机器赶制出来。最终,两艘军舰在大西洋上会合了,电缆也接上了头;随后,两艘船继续航行,一艘驶向爱尔兰,另一艘驶向纽芬兰,结果它们都把电线用完了。两船分开不到3英里,电缆又断开了;再次接上后,两船继续航行,到了相隔8英里的时候,电流又没有了。电缆第三次接上后,铺了200英里,在距离"阿伽门农"号20英尺处又断开了,两艘船最后不得不返回爱尔兰海岸。

参与此事的很多人都泄气了,公众舆论也对此流露出怀疑的态度,投资者也对这一项目没有了信心,不愿再投资。这时候,如果不是菲尔德先生,如果不是他百折不挠的精神,如果不是他天才的说服力,这一项目很可能就此放弃了。菲尔德继续为此日夜操劳,甚至到了废寝忘食的地步,他绝不甘心失败。

于是,又一轮新的尝试开始了,这次总算一切顺利,全部电缆铺设完毕,而没有任何中断,几条消息也通过这条漫长的海底电缆发送了出去,一切似乎就要大功告成了,但突然电流又中断了。

这时候,除了菲尔德和他的一两个朋友外,几乎没有人不感到绝望。但菲尔德仍然坚持不懈地努力,他终于找到了投资人,买来了质量更好的电缆,这次执行铺设任务的是"大东方"号,它缓缓驶向大洋,一路把电缆铺设下去。一切都很顺利，但最后在铺设横跨纽芬兰600英里电缆线路时，电缆突然又折断了，掉入了海底。他们打捞了几次，但都没有成功。于是，这项工作耽搁了下来，而且一搁就是一年。

所有这些困难都没有吓倒菲尔德。他又组建了一家公司，继续从事这项工作，而且制造出了一种性能远优于普通电缆的新型电缆。1866年7月13日，新的试验又开始了，并顺利接通，发出了第一份横跨大西洋的电报！电报内容是："7月27日。我们晚上9点到达目的地，一切顺利。感谢上帝！电缆都铺好了，运行完全正常。希拉斯·菲尔德。"不久以后，原先那条落入海底的电缆被打捞上来了，重新接上，一直连到纽芬兰。现在，这两条电缆线路仍然在使用，而且再用几十年也不成问题。

脚不能达到的地方，眼睛可以达到；眼睛不能达到的地方，心可以达到。希拉斯·菲尔德先生有一颗无所不住的心，他决定了的事情，就一定会全力去做，一遍又一遍，直到做好为止。有多少人能承受他所承受的压力，又有多少人能有他的工作态度呢？

"不相信"是消极的力量。当你心里不以为然或怀疑时，就会想出各种理由来支持你的不相信。怀疑、不相信、潜意识要失败的倾向，都是失败的主要原因。而当你态度坚决地相信自己的时候，一切因素都会朝着证明你的观点的方向走，而你的人生格局，也会因此而铺设开来。

谁敷衍生命，生命就敷衍谁

你能登上多高的山峰，取决于你的心能接受多高的海拔。很多人在去西藏旅行的时候，会有高原反应，那些自认为身体虚弱的人反应格外强烈——有时候你自己觉得该头晕、不适了，就会真的头晕不适，一个人的态度，对他自己的身体有着一种难以解释的控制力。

美国曾有一位年轻的铁路邮递员，和其他邮递员一样，也用陈旧的方法干着分发信件的工作。大部分的信件都是凭这些邮递员用不太准确的记忆来分类发送的，因此，许多信件往往会因为记忆出现差错而被耽误几天，甚至几个星期。很多人对此不以为然，认为这是邮递过程中允许的失误，但是这位年轻的邮递员却不敢苟同，他开始寻找新办法来减少这个误差。

"嗨，我说，你干吗要想这些事情。你的薪水会因此而提高吗？我们不过是送信跑腿的人，干吗这么较真呢？"他的同事几次问他。看到这个小伙子蹲在地上思考，很多人开始笑话他："我们伟大的邮递员要改变地球！"他也跟着傻笑，但是从来没有放弃找方法。

其实，方法也并不像发明一个人造卫星那么困难：他把寄往某一地点的信件统一汇集起来，这样就容易多了。"天哪，这么简单？"可能有人会问，是的，就是这么简单。这位邮递员就是西奥多·韦尔，就是这一件看起来很简单的事，成了他一生中意义深远的事情。他的图表和计划吸引了上司的注意。没多久，他就获得了升迁的机会。5年以后，他成了铁路邮政总局的副局长，不久又被升为局长，后来成为美国电话电报公司总经理。

从西奥多·韦尔的例子中，我们可以看出，再微不足道的工作，只要用心去做，就会有回报，而以认真负责的态度走好每一步，就能拥有一个不一样的人生。

死囚死于并不存在的恐惧，如果他认真地感受一下自己的肢体，就能发现自己一滴血也没有流。西奥多·韦尔得益于自己的创意，他只是比别人想得多那么一点点，认真那么一点点，就改变了人生。看似两件不相干的事情，其实它们都是在说明人体内的一种强大的力量态度。

如果你对自己的生活采取一种敷衍的态度，那么生活也会敷衍你；如果你以一种积极认真的态度去对待它，那么它也会让你大有收获，并助你登上人生更高的山峰。

上帝很忙，能拯救你的只有你自己

在生活中，一帆风顺、事事遂心的事情很少，谁都有可能遇到各种各样的困难和挫折。人生遇到困难、挫折并不可怕，可怕的是我们面临困难挫折时一味地退缩。记得有一句话说得很好：世界上没有什么神仙皇帝，救世主就是我们自己。有的人遇到困难挫折，积极寻找解决的办法，努力进行自救；有的人却把生还的希望寄托在别人的救助上，错失了自救的良机。对待困难挫折的态度不同，最后的结局必然迥异。

路要自己走，生活要靠自己创造。"倚立而思远，不如行之必至"，在人生的道路上，每个人都要做自己的救世主，须知"自救方能救人"。

伐木工人巴尼·罗伯格在伐一棵大树时，大树突然倒下，他来不及躲避，被大树粗壮的枝干压在树底下。当他苏醒过来时，他发现自己的左腿被枝干死死压住，不管自己怎么使劲也抽不出来。

天快黑了，周围一个工友也没有。巴尼想，如果就躺在地上等待有人来救援，恐怕自己在被人发现之前就会因失血过多而死去。现在唯一的办法是自救，即把压在腿上的树干砍成两截，才有可能抽出左腿。

于是，巴尼拿起身边的斧子，一下一下地砍起树干来。可没砍几下，斧柄突然断了。巴尼在绝望之余，想到了只有砍断自己的左腿才是唯一的求生之路。

没有犹豫，忍着剧痛，巴尼砍断了自己的左腿，又以惊人的毅力爬到了山下的工棚里，并拨通了通往医院的电话。

巴尼用失去一条腿的"残酷"方式，换来了生命。而他之所以能活下来，就是因为他进行了积极的自救。

巴尼的自救行为让我们认识到：命运就在自己手中。一味依靠、信赖别人的人，只会等来失败。积极地创造条件改变自己的命运，就能打败磨难，走出困境。

一个人在屋檐下躲雨，看见一个和尚正打伞走过，这人说："师父，普度一下众生吧！带我一段如何？"

和尚说："我在雨里，你在檐下，而檐下无雨，你不需要我度。"

这人立刻跳出檐下，站在雨中："现在我也在雨中了，该度我了吧？"

和尚说："我也在雨中，你也在雨中。我没有被雨淋，是因为有伞；你被雨淋，是因为无伞。所以不是我度自己，而是伞度我，你不必找我，请自找伞！"说完便走了。

自己的命运掌握在自己的手中，要想拥有一个高质量的人生，就给自己一定的信心；要想平平庸庸过一辈子，别人也没办法。只有相信自己的力量，才能谱写出自己想要的人生妙曲。

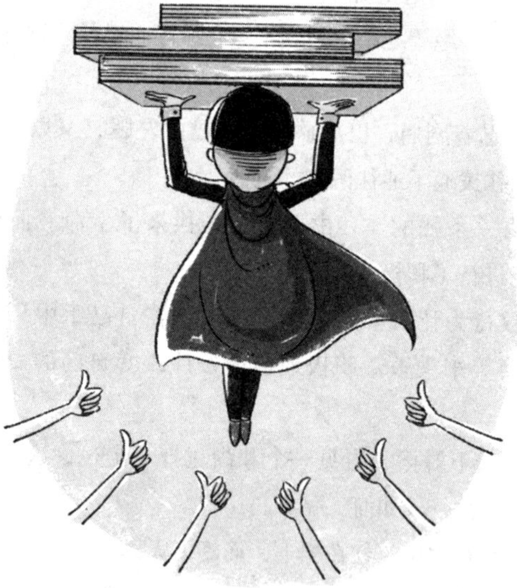

第二篇

最伟大推销员成功法则卷

PART 01
《两个上帝的忠诚仆人》
——忠于职守的力量

一位伟大的推销员曾经说过:"我相信一个消极的人,如果一遍一遍不厌其烦地阅读关于积极思维的书籍,他也会变得乐观起来。是的,通过一遍一遍阅读这些催人向上的书籍,您真的也会开始积极地思考问题,这个方法真的很灵。"本书就是帮你开发潜质,拓展视野,成就精彩人生的最佳选择。

为人服务是根本

推销工作要满足客户需求,要以服务客户为准则,无论在什么情况下,都要牢记服务第一。

1. 服务客户是行动准则

戴维是纽约的一位成衣制造商,他给保险公司打电话说,自己的10000美元保险立即停保,要求保险公司退款。如果这样的话,这张保单只值5000美元。有好几位业务员都跟戴维说,你现在这样做很不划算。他们这样想,这样说,也是为客户考虑,似乎并没有什么问题。但是戴维还是坚决要求退保:"不必啰唆,把5000美元还给我就是啦!"

乔安——公司的业务高手之一正在跟该区的业务经理聊天,这时,一个业务员进来请经理签支票,好支付给纽约的戴维。

经理签了支票,摇着头说:"这个纽约保户,真拿他没办法,既顽固又不讲理。"

乔安问："我很有兴趣知道到底出了什么事？"

"这位老兄，一定要把保单退掉，即使损失5000美元，也坚持要收回现金。"

乔安一听，来了兴趣，说："我恰好明天要去纽约，顺便帮你们送去这张支票如何？"

"那太感谢了，我们是求之不得的。但是，老兄，您这是在给自己找麻烦呀！他在电话里口气就好像要杀掉我才罢休似的，这个人好像恨极了保险业务员。只是给您一句忠告：不必浪费时间去说服他。"

乔安当即打电话给戴维，戴维要乔安把支票寄过去。但乔安坚持把支票亲自送过去，戴维也就同意了。双方谈妥了见面的时间。

乔安的前脚刚踏进戴维的客厅，戴维就开口要支票。乔安说："您能不能给我5分钟的时间，咱们谈一谈？"戴维一听就大声说："你们这些人都是这个样子，谈、谈、谈，不停地谈。你知道我等这一笔钱，等得有多急吗？我告诉你，我已经等了3个礼拜啦！现在还要耽搁我5分钟！告诉你，我没时间跟你磨蹭。"

从这开始，戴维大骂以前所有联系过的业务员，连乔安也骂了进去。乔安仔细地听着他的高声辱骂，有时还附和他几句。他这样的态度，让戴维倒感觉不好意思了，渐渐地，他停了下来。

在戴维口不择言时，乔安已经知道，他肯定是遇到了什么急事，急着用现金。因为，作为商人的戴维，不会不知道放弃保单意味着多大的损失，但他还这样强烈地要求，必定有他的原因。

等戴维安静下来的时候，乔安说："戴维先生，我完全同意您的看法，实在抱歉，我们没能给您提供最好的服务，敝公司实在应该在接到您的电话后24小时内，就把支票送来。现在我把支票带来了，有一点我不得不说明，您在这时候停保，损失很大。这是您要的钱，请收下！"

戴维收下支票，说："你说得不错，我要退保，就是为了要拿到这5000美元，好周转我的资金，你们公司就是不能爽快地把欠我的还我，哼！既然支票已经拿来了，现在你可以走了。"

乔安没有走，他说出的一番话，让戴维大吃一惊：

"您只要给我5分钟的时间，我就告诉您如何不必退保，而且还能拿到

5000美元。"

"别骗我！"戴维虽然不相信，但是还是忍不住想知道，"说吧，我看你还有什么把戏。"

"如果您把保单做抵押向本公司借5000美元的话，只需要付出5%的利息，而且保单继续有效。并且，在这种情况下，如果发生什么意外的话，本公司仍然付5000美元赔偿金给您。这样您不但可以拿到救急的钱，还可以拥有您的保险。"

戴维一听这个办法，立即就对乔安说："谢谢您，这是支票，麻烦您帮我办理这个业务。"

就这样，乔安挽救了10000美元的保单。原因在于，他是抱着服务客户的准则来处理这件事情的。一般的业务员只是告诉戴维，"你放弃保单会遭受损失的"，戴维也知道这个，难道他钱多得要给保险公司送钱吗？这个信息是无用的信息。而乔安的办法是要找到戴维放弃保单的真正原因，然后想办法帮他解决，这就是服务的精神。

半年以后，乔安又去拜访戴维，戴维的财务危机已经过去。乔安为戴维详细规划了一下他的保险问题，赢得了戴维的认同，戴维欣然买下一张20万美元的保单。

在随后的半年里，乔安又卖给戴维两笔抵押保险以及一笔意外险。

又过了半年，戴维第二次从乔安那里购买了一笔人寿大单。

而这一切，都是因为乔安的服务精神。

如果你给顾客提供长期优质的服务，你就永远有忠实的顾客。为人服务才是根本。

2.时刻满足顾客的需求

推销中为人民服务就是要时刻满足顾客的需求。

要想挖掘顾客对商品的需求，首先应当对顾客的需求种类进行一定的了解。

每个人都有需求，没有需求的人不可能

是活人。著名心理学家马斯洛在潜心研究的基础上，把人的需求分为5个等级。

生理需求是人类最原始、最基本的需求，包括饥、渴、性和其他生理机能的需求。在一切东西都没有的情况下，很可能主要的动机是生理的需求。对于一个处于极端饥饿状态的人来说，除了食物没有别的兴趣，就是做梦也梦见食物。

当人的生理需求得到满足时，就会出现对安全的需求。这类需求包括生活得到保障、稳定、职业安全、劳动安全、希望未来有保障，等等。

爱与归属的需求也是一大需求。

这种需求是指，人人都希望伙伴之间、同事之间关系融洽或保持友谊与忠诚，希望得到爱情，人人都希望爱别人，也渴望被人爱，另外还有尊重需求。

谁都不能容忍别人伤害自己的自尊，顾客也如此。推销员要是一不留神，造成了对顾客自尊心的伤害，那就甭想顾客给推销员好脸色，甭想推销成功。自我实现的需求是指实现个人的理想、抱负，发挥个人的能力到极限的需求。

人的需求是无限的、没有止境的。我们购物时，总是有需求时才购买它，否则，是不会掏腰包的。推销员要想把商品推销出去，所需做的一件事就是：唤起顾客对这种商品的需求。

你只要搭错一次车，你就到不了目的地，在销售过程中，你可能只说错了一个字，你就无法销售出你的产品。因而，你跟顾客讲的每一句话都要经过深思熟虑。满足客户需求是最好的服务，要做到为人民服务，就要以满足客户需求为己任。

3.保证商品质量也是为人民服务

为了保证出售商品的质量，为顾客负责，杭州市解放路百货商店在打击假冒伪劣商品时推出了悬赏捉劣法。该店公告顾客，凡在该店购物发现假冒伪劣商品者，经核实，按照商品金额大小给予不同奖励。这是在激烈的市场竞争中，依靠过硬的商品质量来争取顾客的信任、创立商品的美好形象推销商品的好办法。

解放路百货商店在对外推行悬赏捉劣的同时，还在内部筑起了一道防止假冒伪劣商品混入商店的防线，提出了"不让一个假冒伪劣商品进柜台"的口号。商品在上柜之前要严把三关：售前认真检查商品质量；售中主动介绍商品和使用保养的方法；售后加强维修以及做好退、换、调。

解放路百货商店为悬赏捉劣专门准备了10万元奖金，但未动一分，没有一个顾客获奖，而商店在一年内收到顾客的表扬信9000多封，顾客得出一个共同的结论："到解放路百货商店买东西，我们放心。"在杭州市消费者评选中，解放路百货商店是得票最多的"杭州市消费者信得过单位"。实行悬赏捉劣，体现了商业道德的核心，为人民服务，对社会负责，树立了社会主义的商德商风，应该在社会主义商业企业中广泛推广。对于企业本身来讲，悬赏捉劣不仅是保证商品质量过硬，杜绝假冒伪劣商品的好办法，而且是一种非常有效的促销手段。解放路百货商店在推出悬赏捉劣后半年的商品销售额比前半年增长了47.28%，经济效益可观。在悬赏捉劣中，一旦发现混入的伪劣商品，马上进行处理，可以使坏事变好事，改进商店工作，争取顾客信任。杭州某大厦的购物中心，推行了一捉一罚十的悬赏捉劣后，有一位顾客购买了一台进口原装彩电，回家使用后发现不是进口原装而是国内组装的，反映到商场，商场领导决定以10倍原价奖励顾客。这件事在大众传媒上广泛宣传，使这个商场名气大振，顾客不仅不抱怨商场工作上的疏忽和缺点，而且乐意到该商场购物，并因可能得到10倍的巨奖而放心购买。从商店来讲，妥善处理一件假冒商品，带来的是非凡的效果，重建了企业的形象。

保证商品质量可靠，让人们买的东西物超所值也是为人民服务。

4.提供更好的服务

各种推销的区别并不仅仅在于产品本身，最大的成功取决于所提供的服务质量。推销人员的薪水都来自那些满意的客户提供的多次重复合作和中介介绍。事实上，如果你坚持为客户提供优质的售后服务，从两年以后起，你所有交易的80%都可能来自那些现有的客户。否则，你就可能永远也不能建立与客户之间的牢固关系及良好信誉。那种不提供服务的推销人员每向前走一步，可能就不得不往后退两步。

从长远看，那些不提供服务或服务差的推销人员注定前景黯淡。他们必将饱受挫折与失望之苦，他们中的很多人不可避免地会为了养家而从早到晚四处奔忙。就是这些推销人员忽视了打牢基础的重要性，他们发现自己每年都像刚出道的新手一样疲于奔命、备受冷遇。所以，对顾客提供最好的、全力以赴的售后服务并不是可有可无的选择；相反，这是推销人员要生存下去的至关重要的选择。

甘道夫是全美十大杰出业务员，历史上第一位一年内销售超过10亿美元的寿险业务员,被称为"世界上最伟大的保险业务员"。甘道夫在全美50个州共服务了超过一万名客户,从普通工人到亿万富豪,各个阶层都有。

甘道夫说:"你对你的客户服务愈周到,他们与你的合作关系就会愈长久。不管你推销的是什么,这个法则都不会改变。"

优质的服务可以排除顾客可能有的后悔感觉,大部分的顾客喜欢在买过东西后,得到正面的回应,以确定他们买了最正确的产品。

每当完成一笔交易,甘道夫总会寄上答谢卡给他的客户,即使是最富有的客户。甘道夫有许多成功、富有的客户,他们拥有豪华汽车和别墅。他们什么都不缺,然而,他们仍然喜欢收到这些卡片。大部分的客户每年都会收到生日卡片,甘道夫总会在生意促成时,记住客户的生日,然后在适当时机寄出一张卡片给他。

此外,每当客户向他买保险一周年时,甘道夫就会亲自登门拜访。作为一名保险推销人员,他会详细记住客户的资料,比如亲戚尚在或已故、结婚或离婚、企业的经营状况,等等。此外,他还会寄给某位客户可能对他有用的杂志或报道。

在产品大同小异的情况下,为顾客提供更好的、与众不同的服务,才是成功之本。

承担责任是强者

工作意味着责任,责任所在,必须勇于承担。客户利益受到损害时要赔偿客户的损失。

1.要工作就有责任

没有责任感的推销员不是一个优秀的推销员。就算你是一个最普通的推销员,也要勇于承担责任,只要你担当起了责任,你就具备了成为一个优秀推销员的基本条件。

曾经有一位旧金山的商人给一位萨克拉门托的商人发电报,报出货物价格:"一万吨大麦,每吨400美元。价格高不高?买不买?"

萨克拉门托商人觉得价格太高,不想要货物,可是他在回复电报里却漏了一个句号,写成"不太高",结果变成要买这批大麦,使自己损失了好几千美元。

这只是一场简单的交易，却能看出这位萨克拉门托商人并不负责。同样，对于公司员工来说，只要在工作中有那么一丁点不负责，马虎大意，就有可能要在竞争越来越激烈的现代社会中酿成大错，导致整个企业蒙受损失。

一个缺乏责任感的人，首先失去的就是社会对自己的基本认可，其次失去的是别人对自己的信任与尊重，这样的人当然就难以得到重用。而那些能承担责任的人，可能会被赋予更多的使命，有资格获得更大的荣誉。

在很多人看来，自己只是企业里一名普通员工，没有什么责任而言，只有那些管理层才要承担工作上的责任，他们没有意识到，其实，工作本身就是意味着职责和义务。

每一个普通员工都有义务、有责任履行自己的职责和义务，这种履行必须源自发自内心的责任感，而不是为了获得什么奖赏。工作不单单是赖以生存的手段，除了得到金钱和地位之外，要考虑到自己应尽的责任。

2.责任面前，勇于承担

一天，一位为公司推销日常用品的推销员走进一家小商店里，看到主人正忙着打扫卫生。他热情地向店主介绍和展示自己公司的产品，然而店主却默默地望着他，对于他的举动毫无反应。

对此，推销员毫不气馁，他又主动地拿出自己所有的样品向店主推销。他认为，凭着自己的热情、执着以及完美的推销技巧，店主一定会被他说服而最终向他购买产品的。但是，令人出乎意料的是，那店主却愤怒万分，用扫帚将他赶出了店门。

莫名其妙的推销员被店主的恨意震惊了，他决心要查出这个人如此恨他的原因。于是，他利用休闲的时间去其他推销员那里了解情况，终于他清楚那个店主对他如此不满的理由了。原来，由于他前任推销员工作上的失误，使这个店主积压了大批的存货，大量的资金无法周转，店主的经营也因此受到了牵制。虽然这件事和他并没有关系，但他认为作为公司的一分子，他有义务解决他前任推销员所遗留下来的问题，更有责任通过自己的努力来挽回公司在信誉方面的损失。

于是，他疏通了各种渠道，重新做了安排和部署，并利用自己的人际关系请一位较大的客户以成本价买下了店主的存货，使店主积压的资金得以回笼。结果是不言而喻的，他受到了店主的热烈欢迎。这个推销员用自己的责任心帮助公司重新赢得客户的信任，同时也为自己的推销工作寻找到了新的途径。

一名员工，应该牢记自己的使命，尽职尽责地履行义务，面对责任要勇于担当，这是你的工作，责任所在，义不容辞！

"这是你的工作，责任所在，义不容辞！"每一位员工都应牢牢记住这句话。

对那些在工作中推三阻四，老是寻找借口为自己开脱的人；对那些缺乏工作激情，总是推卸责任，不知道自我批评的人；对那些不能按期完成工作任务的人；对那些总是挑肥拣瘦，对公司、对工作不满意的人，最好的救治良药就是大声而坚定地告诉他：这是你的工作，责任所在，义不容辞！

选择了这份工作，你就必须接受它的全部，担负起天经地义的责任，而不是仅仅享受它给你带来的益处和快乐。

责任所在，义不容辞！意识到这一点，努力在工作中做到这一点，以它为动力去战胜困难、去完成任务，那么你就是公司真正放心的员工。

3.客户利益受损时要赔偿客户的损失

面对客户的抱怨，要勇于承担责任，赔偿客户的损失，包括向客户诚心道歉。当产品有破损、欠缺、品质不良、功能不健全、有异物混杂其中，无法履行契约或者让客户在精神上受到伤害的时候，都必须尽快以金钱或物品等替代品来进行补偿，这么做才称得上是满足客户的利益。

在我们的日常生活中经常可以看到群众因为公害问题和政府对立，最终通常以政府付损失费给群众作为补偿而告终。在损害赔偿的交涉中，以"赔钱"方式解决矛盾显得最有诚意。我们应该建立一种观念：在生意往来当中，如果确定某件事已造成客户的损失，并且确定这种损失是由于自己的疏忽造成的，这种情况下就应该用钱、替代品或尽早修理等赔偿方式来进行弥补。

假设因为收银机金额打错而造成客户不满，当场就应将多收的款额还给对方，并当面诚恳致歉。

如果因为没有调查而暂时看不出原因或应补偿的差额数量时，便应先礼貌地向客户说明，请他再给你们一点时间调查事情的始末，这时如果稍有怠慢或是拖泥带水，客户便会再次抱怨"没有诚意"。

有关资料显示，用金钱方式作为补偿，其补偿的金额往往是买价的特定倍数，商家都是以客户希望获得的东西加上道歉作为诚意的表现，这点非常值得参考。值得一提的是，在客户的抱怨中，有50%是因为品质的关系而产生的抱怨。

只要有关于品质方面的抱怨，就免不了要用钱或替代品来赔偿，而这样的处理方式也正是创造下一个客户的最好机会。有诚意地以价值以上的金钱赔偿损害是决定成败的关键，但也不要白白浪费金钱，应该首先让客户觉得"有诚意"，再赔偿他们买价的特定倍数就行。

4. 责任要求我们敢于承认自己的错误

美国总统罗斯福于1912年到新泽西州的一个镇上参加集会，向文化层次较低的乡下人发表一篇演讲。

当他在这篇演讲中提到女子也应该踊跃参加选举时，听众中忽然有人大声喊道："先生！这句话和你5年前的意见不是大相径庭了吗？"

罗斯福对此并没有回避和掩饰，而是聪明地回答："可不是吗？5年前，我确实是另外一种主张，但现在已经深悟到自己当年的主张是不对的！"

错误永远是不可避免的，如果说成功是人生最理想的朋友，那么错误则是人生永远抛弃不掉的伙伴。犯了错误并不要紧，可怕的是犯了错误却不承认而是加以掩饰以推卸责任。在错误面前诡辩的人，就等于重新犯了一次错误，甚至比犯错误更危险，因为错误已经在其头脑中扎下根，这将会造成更多的错误，让其一直错下去。

罗斯福及时勇敢地承认自己错误，以这种坦白、忠实、诚恳、亲切的回答使听众得到了满意的答复，也为自己赢得了掌声。看来，及时承认并纠正自己的错误是非常重要的，历史上的大人物为我们做了榜样。

罗斯福心里很清楚，每个人都会犯错误，当别人犯错误时，我们总是希望他们能够承认并且加以改正，可是当这种错误发生在自己身上的时候，很多人都采取回避的态度，可能为的是保全颜面，或者已经形成了习惯。从这点上看，罗斯福是个勇于面对错误的人。

人们有时候很难分清自己是不是为了掩饰错误才坚持己见，所以当你准备坚持任何事情或做法时，最好先仔细想想，你的坚持是否是因为你确实有毫无瑕疵的理由？还是因为你只是为了掩饰错误保全面子而已？如果你发觉你有保全面子的因素在里面，那么你就是在犯最大的错误，请你及早抛弃你错误的坚持，因为由于这种坚持而采取的行动只能使你处于最容易受到攻击的地位，采取被动的守势。

作为员工，如果你错了而没有完成任务，请不要辩解，因为辩解已经没有意义，你需要先说的是："对不起，我错了！"这样直接主动地承担责任，或许会让你承受经济上的损失，但对你的成长是有益的，只有这样，才能使你从错误中醒悟过来，认真反省自己，纠正错误，才会以全新的姿态走向成功。

绝对忠诚是首选

忠诚的人是高尚的人，忠诚是立身之本，它是一种义务，忠诚面前没有条件，忠诚比金子更可贵，忠诚胜于能力。

1.忠诚的人是高尚的人

忠诚于自己的工作，忠诚于公司，忠诚于老板，忠诚于自己的领导，这是一个员工的高尚品德。

在老板的眼中，忠诚比才能重要10倍甚至100倍。所以，许多老板宁要一个才能一般，但是忠诚度高、可以信赖的员工，也不愿意接受一个极富才华和能力，但却总在盘算自己的小九九的人。

许多员工认为，老板不在的时候正是可以放松的时候。每天紧绷着的神经似乎要断了，老板出去参加什么会议，或是出国考察、谈判项目去了，自己可以趁机放松一下了。

暂时的放松是可以理解的，也可以原谅，但是如果认为这是最好的偷懒时机，那绝对是一个错误。你有没有想过，老板在与不在，对于自己而言，对于自己的工作而言，其实是没有多大区别的。

如果你认为工作只是给老板干的，拼命工作仅仅是为了拿一份属于自己的工资，那无论是朝九晚五还是三班倒，对你来说都无所谓。因为你没有更高的追求，仅仅为了挣钱，为了养家糊口而已。这样的员工永远也不会成为一名优秀的员工。

但是，即便如此，在就业竞争如此激烈的今天，除非你身怀绝技，一般来说，还是需要认真对待自己的工作。只有真正做出成

绩来，才能获得老板的信任和重托，才能使你的工作稳定，饭碗有保障，进而争取多拿一点奖金或提一级工资。

忠诚是一个人的高尚品格，也是一个员工的基本道德。一个员工对公司是否忠诚，在老板不在的时候最能体现出来。

忠诚也是做人之本。老板不在，你可以做很多事情：可以尽职尽责地完成自己的工作，也可以投机取巧；可以一如既往地维护公司的利益，也可以趁机谋私利。但是别忘了，老板可能一时间难以发现，那并非意味着老板永远也不会发现。

一个优秀的员工此时更应该时刻保持应有的忠诚，绝不可因小失大，使自己作为一个优秀员工所具备的道德品质因为一时的疏忽而丧失。

当老板评价你的时候说："不错！忠诚可靠！"这应该是对一个员工人格品质的最高褒奖和最大的肯定，每一个员工都应以此为荣。

2.忠诚是立身之本

忠诚建立信任，忠诚建立亲密。只有忠诚的人，周围的人才会信任你、承认你、容纳你；只有忠诚的人，周围的人才会接近你。老板在招聘员工的时候，绝对不肯把一个不忠诚的人招进去；客户购买商品或服务时，也绝对不会把钱掏给一个缺乏忠诚的人；与人共事，也没有谁愿意和一个不忠诚的人合作；交友，也不会选择不忠诚的朋友；组建家庭，那更是要看对方对自己是否忠诚，对方又是否值得自己付出忠诚……总之，人活着，就离不了忠诚。

一位才华横溢、持有双博士学位的人，他先在牛津大学修完了法律课程，又在哈佛大学修完了工商管理课程。而且，他还写得一手好文章，在多家报纸上担任专栏作家，经常到一些大学里讲授写作知识；他的口才也相当棒，他的演讲颇具煽动性，能够把数千人的热情点燃。

这样的人才，在就业方面应该有很大的选择余地。

可是，他却正在为找工作的事发愁。

原来，他的名声太臭了，几乎没有企业愿意用他了。而他的名声之所以臭，是因为缺乏对企业的忠诚。

1993年，他修完了全部博士课程，先是在一家计算机公司担任市场总监，工作不到半年，他向竞争对手出卖了公司的市场开发机密。

拿到出卖机密的款项，他跳槽到一家制药企业担任策划总监。三个月不到，他听说另一家制药企业待遇更好，便以自己掌握有重要的新药开发资料为诱饵让那家企业聘用了他。新东家看中的是新药开发资料，而不是他这个不忠诚的双料博士，资料到手后，新东家辞退了他，并将他列入永不聘用的"黑名单"中。

好在当时他的坏名声还没有传很远，找工作并不难，他很快又进入了一家电气公司，新公司聘他做总裁。遗憾的是，这个"人才"更加不珍惜工作机会，他再一次出卖了老板，还把公司一批骨干人员带走。到哪儿去呢？自己当老板去了，开了一家电气公司。自己开的公司没有存活下去，半年不到就关门了，他只得又去打工。

但是，到头来他才发现，最受打击的，还是他自己，因为他被贴上了"不忠诚"的标签，成了一个不受欢迎的人，被多个行业的企业列入黑名单，几乎每一个了解他情况的老板都表示绝对不聘用他。

才华横溢又怎样呢？缺了忠诚，谁也看不上你的才华。双料博士找不到工作，这是多么悲哀的事情。

在这个任何人都越来越无法脱离组织和团队的社会上，一个人没有忠诚就活不下去。一个丧失忠诚的人，不仅丧失了机会、丧失了做人的尊严，更丧失了立足之本。即使是那些从你身上获取好处的人，也会鄙视你、远离你、抛弃你。

3.忠诚没有条件

一群小孩在公园里玩打仗的游戏。一个小孩被派为哨兵站岗，扮演军长的小孩命令他不准擅自离开，他便一直在那儿站着。后来，玩累了的孩子们都回家去了，把他一个人忘在那儿站岗。天已晚了，站岗的小孩哭了起来。公园管理员循着哭声跑过来，要他赶快回家。

"我是士兵，我要服从军长的命令，军长要我不得擅自离开，我不能走！"孩子说。

公园管理员想了想，站直身子，正色道："士兵同志，我是司令员，现在我命令你回家去。"

小孩听了，高高兴兴地回家去了。

乍一听这个故事有点可笑，但是，我们笑过之后细想一下，孩子对"军长"的忠诚、对"士兵"职责的忠诚以及对"部队"的忠诚是那样的执着，不正是现在很多人所缺少的吗？

忠诚没有条件。

因为忠诚是一种与生俱来的义务。你是一个国家的公民，你就有义务忠诚于国家，因为国家给了你安全和保障；你是一个企业的员工，你就有义务忠诚于企业，因为企业给了你发展的舞台；你是一个老板的下属，你就有义务忠诚于老板，因为老板给了你就业的机会；你在一个团队中担任某个角色，你就有义务忠诚于团队，因为团队给了你展示才华的空间；你和搭档共同完成任务，你就有义务忠诚于搭档，因为搭档给了你支持和帮助……总之，忠诚不是讨价还价，忠诚是你作为社会角色的基本义务。

忠诚为什么不讲回报？

因为真正的忠诚是一种发自内心的情感。这种情感如同对亲人的情感、对恋人的情感那么真挚。对祖国忠诚，是因为你热爱祖国；对企业忠诚，是因为你热爱企业；对老板忠诚，是因为你对老板心存感恩；对同事忠诚，是因为你发自内心信任你的同事。

事实上，忠诚并不是没有回报。忠诚的人，能够得到忠诚的回报以及其他想得到的东西。恺撒大帝说过："我忠诚于我的臣民，因我的臣民忠诚于我。"

任何一样东西，在拥有时都不懂得珍惜，包括工作。当人们在某个组织里平平稳稳地工作时，他们常常忽视这份工作于他们自己生存和家人温饱的重要性，而常常把更多的精力放在计较工作得失和计较回报上面。他们总觉得自己付出得太多，得到的太少，总觉得别人更轻松，别人得到更多。在他们的潜意识中，拥有这份工作是理所当然的，得到越来越多的回报也是理所当然的。

你应该记住，企业首先不会给你什么，但你如果给了企业绝对的忠诚，忠诚一定会回报你，它包括薪水以及荣誉。忠诚与回报，不一定是成正比关系，但一定是同步增长的，忠诚度越高的员工，所创造的价值肯定越多，所获取的回报肯定也越多。

4.忠诚比金子都可贵

寒冷的阿拉斯加冰原上，居住着一户四口之家：一对夫妻和两个小男孩。这个家庭中还有另外两个特殊的成员：两匹狼。3年前，一个冰天雪地的季节里，男主人发现了两只嗷嗷待哺并且奄奄一息的狼崽。它们的母亲可能被其他动物咬死了，也可能被人类凶残地射杀，在主人的精心照料下，两匹狼逐渐融入了这个家庭。虽然它们不像狗那样讨人喜欢，随着身躯的日益强大，反倒让主人对它们充满了戒心，并将它们牢牢地拴在了院子里。3年来，只有两个男孩子每天都对两匹狼表示着亲近和友好。

一天,这对夫妇到离家几公里外的地方去伐木,留在家里的两个小男孩不小心弄倒了煤油灯,猛烈的大火开始吞噬木制的房屋。房门已被热浪挤压得无法打开,而父母离他们太远了,两个小孩儿,眼看将陷身于火海之中。这时,意想不到的事情发生了。两匹狼先是惊恐,而后拼命挣断绳索,向木制的窗户一头撞上去,向着火海中的孩子义无反顾地冲了上去,全然不顾烟雾与恐惧,将两个小孩儿连拉带拖带出火海,救到安全的地方。火熄灭了,孩子得救了,两匹狼却被烧得很惨,身上的毛儿几乎全被烧焦。毫无疑问,狼的忠诚与人相比有过之而无不及,尤其是在生死攸关的时刻。

毫无疑问,狼族和人类一样讲求忠诚守信,一样有着深厚情感。而当生死攸关之时,狼所表现的情义与忠诚更远远胜于人类。今天,当人类为自己贪得无厌的欲望而背信弃义、舍忠弄奸、同类相残时,狼在提醒着我们:如此下去,将是人类自己毁灭的开始。

在一个求新、求变的时代里,"忠诚",也许这是一个不合时宜的词。当整个世界都在谈论着"变化、创新、实惠"时,提倡"忠诚、敬业、服从、信用"之类的话题似乎显得陈旧落后。然而,社会要获得健康发展,我们就无法回避人与人之间最基本的契约,忠诚在任何国家、任何时代都是必要的。

忠诚是人类最重要的美德之一,从古到今,没有谁不喜欢忠诚。领导需要他的下属的忠诚,产品需要忠诚的消费者,每个人都希望有忠诚的朋友。员工忠实于自己的公司,忠实于自己的老板,与同事们同舟共济、共赴艰难,将获得一种集体的力量,人生就会变得更加饱满,事业就会变得更有成就,工作就会成为一种人生享受。相反,那些表里不一、言而无信之人,整天陷入尔虞我诈的复杂的人际关系中,在上下级、同事之间玩弄各种权术和阴谋,即使一时得以提升,取得一点成就,但终究不是一种理想的人生,最终受到损害的还是自己。

忠诚就是不要吹毛求疵和抱怨,完美的人是不存在的,上帝也会犯错误。

5.忠诚胜于能力

忠诚胜于能力!

然而,让我们感到万分遗憾的是,在现实生活以及工作中,忠诚经常被忽视,人们总是片面地强调能力。

的确,战场上直接打击敌人的,是能力;商场上直接为公司创造效益的,也是能力。而忠诚,似乎没有起到直接打击敌人和创造效益的作用。可能正是因为这一点,导致人们重能力轻忠诚。

人力资源考官在招聘新职员时,关注的总是"你有什么能力""你能胜任什么工作""你有什么特长"之类关于能力方面的问题,而很少关注"你能融入我们公司的文化中吗""你认同我们公司的理念吗""你如何理解对公司的热爱"等关于忠诚的问题。

我们应该正确认识"人才"的含义。人才应该分两种:一种是社会人才,这种人有能力有才华,从各种指标上看都是人才;一种是企业人才,他是人才,他能够为所在的企业创造巨大的价值。社会人才和企业人才不能简单地画等号,如果一个企业的文化不足以同化一个从社会上招聘来的人才,这个人才就无法成为"自家人",他最终不能为企业所用。

主管们在分派任务时,也无意识中犯着类似的错误。他过分强调下属"能够做什么",而忽视了下属"愿意做什么"。

一个下属能力再强,如果他不愿意付出,他就不能为企业创造价值,而一个愿意为企业全身心付出的员工,即使能力稍逊一筹,也能创造出最大的价值来。这就是我们常常说的"用B级人才办A级事情","用A级人才却办不成B级事情"。一个人是不是人才固然很关键,但最关键的还在于这个人才是不是你真正意义上的"下属"或"员工"。

单纯强调能力的倾向是非常可怕的。在我们这个社会里,不乏具备超强个人能力的人,他们凭着个人能力,可以通过很多公司的招聘审查。我们经常看到这样的商业报道:某某公司的技术开发人员把公司的技术秘密泄露给了竞争对手;某某公司的战略策划人员将公司的市场开发计划带到了另一家公司;某某公司的高层主管跳槽带走了公司一大批人才……这些事情之所以发生,就是因为事件的主角能力有余而忠诚不足。正如海军陆战队队员不忠诚可能危及国家安全一样,企业员工不忠诚则可能危及企业生存。

当然,忠诚胜于能力,并不是对能力的否定。一个只有忠诚而无能力的人,是无用之人。忠诚,是要用业绩来证明的,而不是口头上的效忠,而业绩又是要靠能力去创造的。比如,一个天天在你面前表示忠诚于你却不能为你做任何事的"忠诚"者,你稀罕吗?你愿意因为他"忠诚"而把他养起来吗?

许多老板的用人标准主要有两个：能力和人品。没有能力，难以胜任具体岗位的工作。但更重要的是员工的个人品质，没有这个前提和基础，能力在为公司带来利益的同时也可能带来危害。因此，两者比较起来，后者对于公司的意义或许更大一些。

老板不在的时候，其实正是考验一个员工的忠诚的时候。如果一个员工对公司和老板都是忠诚的，即使你的能力一般，也同样能够获得老板的信任；即使偶尔出现工作方面的疏漏和差错，也能够得到老板和领导的原谅；如果你既忠诚又有能力，那你肯定能够获得老板的重用。但是，如果一个员工总是趁老板不在的时候偷懒，推卸责任，缺乏对老板和公司的忠诚，则很可能对他的职业生涯产生不利的影响。

敬业的人最可敬

敬业才会出类拔萃，敬业是推销员成为优秀推销员的必备品质，把职业当作你生命的信仰，把敬业当成习惯。

1. 敬业的推销员出类拔萃

赵楠是一家培训咨询公司的电话行销推销员，有一天晚上11时后，他接到一个电话，这个时候，他已经工作一天了，又困又累。一般的人，在这个时候心情都会有些烦躁，他也一样。他心里想着，赶快结束工作，马上休息。

电话就是在这个时候打来的。

打电话来的是一位女士。赵楠当时问她，这么晚了打电话有什么事，不能等到明天吗？她说，不行，因为她看了他们在报纸上发的广告，特别感动，所以不能等到明天。接着，她马上念了一段报纸上的广告词。

听到这段广告词，赵楠的神经像触了电一样，一下子来了精神，然后仔细地、耐心地听她讲述自己的感受，讲述自己的经历。

这一讲，就是一个多小时。他努力地克制着自己的困倦和劳累，尽力热情地与她相呼应，并认真回答她提出的每一个问题。从她的声音中，赵楠感觉到，她非常满意。

放下电话，赵楠看一下表，已经凌晨1时多了。

第二天根本不用他谈什么了,她和她的朋友都报名参加了培训课程。

就是这位在半夜11时后打电话的于女士,在以后的日子里,先后介绍了79位学员报名参加了公司的培训课程。

研究成功者身上的特质,我们会发现,他们有一个最大的特点就是敬业。他们身上都有一种极强的敬业精神,而且,他们的敬业精神在人生的方方面面都表现出来,打电话也不例外。

只要拿起电话听筒,无论通话的对方是谁都无关紧要,他们一定会认真对待,绝不会随随便便,敷衍了事。

没有最好,只有更好,这是敬业员工的座右铭,也是值得每个人牢记一生的格言。但是,有很多员工因为养成了轻视工作、马虎从事的习惯,对工作敷衍塞责,招致一生碌碌无为,当然就不能出类拔萃。

世界上想做大事的人极多,愿把小事做好的人并不多——而敬业的人工作之中无小事。用心去做每一件事,不要轻视它。即便是最不起眼的事,也要尽心尽力去完成,因为对大事的成功把握来源于小事的顺利完成。只有踏踏实实地做好现在,才能赢得未来。

2.培养敬业精神

敬业精神是强者之所以成为强者的一个重要方面,也是由弱而强者应该具备的职业品性,如果你在工作上敬业,并且把敬业变成一种习惯,你会一辈子从中受益。

容杰本科毕业后被分配到一个研究所,这个研究所的大部分人都具备硕士和博士学位,容杰感到压力很大。

工作一段时间后,容杰发现所里大部分人不敬业,对本职工作不认真,他们不是玩乐,就是搞自己的"第三产业",把在所里上班当成混日子。

容杰反其道而行之,他一头扎进工作中,从早到晚埋头苦干业务,还经

常加班加点。容杰的业务水平提高很快，不久就成了所里的"顶梁柱"，并逐渐受到所长的重用，时间一长，更让所长感到离开容杰就好像失去左膀右臂。不久，容杰便被提升为副所长，老所长年事已高，所长的位置也在等着容杰。

初涉职场的年轻人都有这样的感觉，自己做事都是为了老板，为老板挣钱。其实，这是情理之中的事。如果老板不挣钱，你怎么可能在这家公司待下去呢？但也有些人认为，反正为人家干活，能混就混，公司亏了也不用我承担，甚至还扯老板的后腿。其实，这样做对老板、对你自己都没有好处。

事实证明，敬业的人能从工作中学到比别人更多的经验，而这些经验便是你向上发展的踏脚石，就算你以后换了地方，从事不同的行业，丰富的经验和好的工作方法也必会为你带来助力，你的敬业精神也会为你的成功带来帮助。因此，把敬业变成习惯的人，从事任何行业都容易成功。

有些人天生就具有敬业精神，任何工作一接受就废寝忘食，但有些人则需要培养和锻炼敬业精神。如果你自认为敬业精神还不够，那就强迫自己敬业，以认真负责的态度做任何事，让敬业精神成为你的习惯。

把敬业变成习惯之后，或许不能为你立即带来可观的收入，但可以肯定的是，如果你养成"不敬业"的不良习惯，你的成就就相当有限。因为你的那种散漫、马虎、不负责任的做事态度已深入于你的意识与潜意识，做任何事都会有"随便做一做"的直接反应，其结果可想而知。如果一个人到了中年还是如此，很容易就此蹉跎一生。当然更说不上由弱变强，改变一生的命运了。

所以，短期来看"敬业"是为了老板，长期来看还是为了你自己！因为敬业的人才有可能由弱变强。此外，敬业的人还能得到其他意想不到的好处：

首先容易受人尊重。就算工作绩效不怎么突出，但别人也不会挑你的毛病，甚至还会受到你的影响。

其次容易得到提拔。任何老板都喜欢敬业的人，因为你的敬业可以减轻老板的工作压力，你敬业，老板就会对你放心，自然会将你视为"骨干"和"中坚"。

现代社会中，由于经济高速发展，工作机会很多，因此常有企业招募员工，但是你千万不要以为到处都有机会，而对目前的工作漫不经心，也不要因为不怎么喜欢目前的工作而整天混日子。每一个职场中人，都应该磨炼和培养自己的敬业精神，因为无论你将来到什么位置，做什么工作，敬业精神都是你走向成功的最宝贵的财富。

PART 02
《一分钟说服》
——说服是一门艺术

这是最顶尖的销售员们与顾客面对面销售的真实写照,是被无数人证明了的方法与技巧,简单、有效、做得到是它最大的特点。

开场白话术

推销员向客户推销商品时,一个有创意的开头十分重要,好的开场白能打破顾客对你的戒备心理,设计好开场白十分重要。

1. 至关重要的开头

临时交易时,对于客户心中的想法还不知道,因而会面的开始非常重要。要引起听者的注意,接着让他产生兴趣,也就是有兴趣听你说话。一个人时时在接受周围的各种刺激,但对这些四面八方的刺激并非一视同仁,可能对某一刺激特别敏锐、明了,因为这成为他一刹那间的意识中心。假如听者的大脑意识中枢集中在说者的谈话上,那么此刻听者对于其他的刺激都不在意了。

打个比方,专心看电视的小朋友,任凭妈妈在旁边怎么呼喊,他都听不见。又比如参加考试的学生,当其集中注意力于试卷上的题目专心思索时,对于窗外的噪音也不以为苦了。

就是由于人类都有这种心理的缘故,所以必须把客户的注意力集中到自己身上;客户的心理,能够因为讲话的人高明的开场白而完全受掌握,换句话说,说者的第一句话最具有重要性，可以有力地吸引住客户的兴趣。在那么可贵的一刻，在两人目光相接的时候，有许多错综复杂的心理作用就在客户身上发生了。

在这刹那之间，推销员所说的头一句话，是否能让对方一直听到最后一句话，决定于客户对推销员有没有产生好感。虽然我们提出说要在开始10秒钟之内把握住客户的心，其实这个时间愈短愈有利，你要抓住客户的心，最长也不可超过10秒钟。以下让我们来参考另外几个例子吧！

（住宅门口）"哦！你好早哟！你在洗车吗？我是××公司的人，今天特地来访问你。"

（农家门口）"哦！你好勤快哟！这么大早就起来；现在蔬菜市价很便宜了。"

"对呀，已经不够本了；用车子把它运到果菜市场去，刚刚好够汽油钱和装箱钱！"

（在蔬菜摊）"你好！我是××公司的。的确，跟我所听到的是一样的啊！"

"什么？你再说清楚一点。"

"也没什么啦！刚才有三位太太们在讲话。她们一致认为你这家铺子所卖的蔬菜，要比其他家新鲜得多呢！"

上面列举的开场白适用于临时交易，经常交易多无须如此。但偶尔为了改变气氛、把握客户心思起见，也不妨采取这类方式来聊天。

当你开门的那一刻，就要同时打开客户的心门。

2.设计有创意的开场白

好的开始是成功的一半。

开场白一定要有创意，预先准备充分，有好的剧本，才会有完美的表现。可以谈谈客户感兴趣和所关心的话题，投其所好。欣赏别人就是恭敬自己，客户才会喜欢你；"心美"看什么都顺眼，客户才会接纳你。

如何有技巧、有礼貌地的开场白及攀谈呢？应当针对不同客户的实际情况、身份、人格特征及条件予以灵活运用，相互搭配。

在创意开场白的技巧上，进行颇富创意

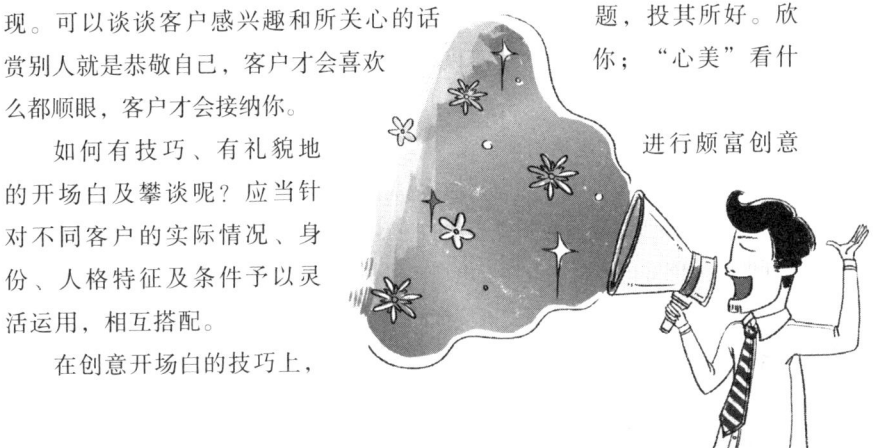

有以下应注意的重点：事先准备好相关的题材及幽默有趣的话题；注意避免一些敏感性、易起争辩的话题，为人处世要小心，但不要小心眼，例如宗教信仰的不同，政治立场、看法的差异，有欠风度的话，他人的隐私，有损自己品德的话，夸大吹牛的话，在面对女性隐私时尤须注意得体礼貌；得理要饶人，理直要气和；一定要多称赞客户及与其有关的一切事物。可以以询问的方式开始："您知道目前最热门、最新型的畅销商品是什么吗？"以肯定客户的地位及社会的贡献开始；以格言、谚语或有名的广告词开始；以谦和请教的方式开始。

可针对客户的摆设、习惯、嗜好、兴趣、所关心的事项开始；也可以开源节流为话题，告诉客户若购买本项产品将节省××的成本，可赚取××的高利润，并告诉他"我是专程来告诉您如何赚钱及节省成本的方法"；可以用与××单位合办市场调查的方式为开始；可以用他人介绍而前来拜访的方式开始；可以举名人、有影响力的人的实际购买例子及使用后效果很好的例子为开始；以运用赠品、小礼物、纪念品、招待券等方式开始；以提供试用试吃为开始；以动之以情、诱之以利、晓之以害的生动演出的方式开始；以提供新构想、新商品知识的方式开始；以具震撼力的话语，吸引客户有兴趣继续听下去"这部机器一年内可让您多赚×百万元"为开始。

万事开头难，做推销更是如此，但是，作为一个职业推销员是绝不能因此而放弃努力，应该在面对客户之前，做好充分的准备，设计一个有创意的开场白。

预约采访术

预约客户也是一种艺术，可以通过电话、信函、拜访预约客户，恰当的预约采访术对成功的推销至关重要。

1.预约术对成功推销的重要性

一般人对于一个陌生的电话通常都存有戒心，他的第一个疑问必然是："你是谁？"所以我们必须先表明自己的身份，否则，一些人为避免不必要的干扰，可能敷衍你两句就挂上电话。可是，也有人会说："如果我告诉他，他会更容易拒绝我。"事实上确实如此，所以我们尽可能表明，我是你的好朋友×××介绍来的。有这样一个熟悉的人做中介，对方自然就会比较放心。同样的，对方心里也会问："你怎么知道我的？"我们也可以用以上的方法处理。有的人又会说："其实我只是从一些资料上得到顾客的电话，那又该怎么办呢？"这时，可以这样讲："我是你们董事长的好朋友，是他特别推荐你，要我打电话给你的。"这时，你也许会想：如果以后人家发现我不是董事长的好朋友，那岂不让我难堪。其实，你不必那么紧张，我们打电话的目的无非是为了获得一次面谈的机会。如果你和对方见面后，交谈甚欢，那对方也不会去追究你曾经说过的话了。

大多数推销员有个毛病，一到客户那里就说个没完，高谈阔论，舍不得走。因此，在电话约访中要主动告诉客户："我们都受过专业训练，只要占用10分钟，就能将我们的业务做一个完整的说明。您放心，我不会耽误您太多的时间，只要10分钟就可以了。"

解决了客户的两个疑惑，预约一般都能成功。只有得到客户同意，有了和客户面对面的机会，才为成功推销走出了关键的第一步。

2.约见客户的几种方法

约见是推销人员与客户进行交往和联系的过程，也是信息沟通的过程。常用的约见方法有以下几种：

（1）电话约见法。

如果是初次电话约见，在有介绍人介绍的情况下，需要简短地告知对方介绍者的姓名、自己所属的公司与本人姓名、打电话的事由，然后请求与他面谈。务必在短时间内给对方以良好的印象，因此，不妨这样说："这东西对贵公司是极有用的"，"采用我们这种机器定能使贵公司的利润提高一倍以上"，"贵公司陈小姐使用之后认为很满意，希望我们能够推荐给公司的同事们"，等等。接着再说，"我想拜访一次，当面说明，可不可以打扰您10分钟时间？只要10分钟就够了。"要强调不会占用对方太多时间。然后把这些约见时间写在预定表上，继续打电话给别家，将明天的预定约见填满之后，便可开始访问活动了。

有一位专业推销人员说："查克是我遇到过的最好的电话探寻员之一。查克的相貌确实不怎么样。不过，他有着优美的、有磁性的嗓音，而且很招人喜欢，特别是管理人员的助理。他非常善于找出那些人，他和助理们聊天，交换些俏皮话，他会这样说：'伙计，你听上去真不赖，在一个星期三的早上，你拣到钱了吗？'说些这样的话后，他会说，'顺便问一句，你的老板在不在？'然后很快，主管的电话就会被接通；有时，那些主管是位置高如波音公司董事会主席的人。

"与主管接通后，他会说：'伙计，你比一个远在欧洲的参议员还难找。'这将毫无例外地引起一阵大笑。他会接着说，'你知道，我找到了你可以将它全部带走的办法。'主管会说：'是吗，什么办法？'查克会回答：'美国银行的分行遍布整个地狱。'他不用等很长时间就可以从主管那儿得到回应，然后，他就会安排一个约见。

"当查克的老板（雇用他的专业推销人员）前去拜访这位主管时，这位主管会对查克没能同来感到失望，他会这样说：'我希望你懂的和查克一样多。'当然，查克对这个计划几乎一无所知。他只是安排约见。这时这位专业推销人员会说：'我想我可以。顺便问一句，查克告诉了你一些什么？'大部分时候，答案会类似于：'嗯，我也记不清了，不过它听起来确实挺有趣。'有一个能够敲定约见的人要比对产品知晓甚多的人重要得多。"

（2）信函约见法。

信函是比电话更为有效的媒体。虽然伴随时代的进步而出现了许多新的传递媒体，但多数人始终认为信函比电话显得尊重他人一些。因此，使用信函来约会访问，所受的拒绝比电话要少。另外，运用信函约会还可将广告、商品目录、广告小册子等一起寄上，以增加对顾客的关心。也有些行业甚至仅使用广告信件来做生意，这种方法有效与否在于使用方法是否得当。

信函约见法的目的，是为了创造与新的客户面谈的机会，也是寻找准客户的一个有效途径，书信往来是现代沟通学的内容之一。对于寿险推销人员来说，如果你以优美、婉转、合理的措辞，给他阐明寿险的理念，让他知道有你这么一个人挂念着他就足够了；然后，你可以登门拜访，带着先入为主的身份与他再次面谈。

巴罗最成功的"客户扩增法"的有效途径是直接通信。他曾经讲述了自己的一段经历："一段时期，我苦恼极了，我的客户资源几乎用光了，我无事可做。我眼巴巴地望着窗外匆匆的行人，难道我能冲出去，拉住他们听我讲保险的意义吗？不，那样显然是不恰当的，他们会以为我疯了。

"我百无聊赖地翻看着报纸、杂志，看到许多人因种种缘故登在报纸、杂志上的地址，我突然灵机一动，何不按地址给他们写信，在信上陈述要比当面陈述容易得多。我马上行动起来,用打字机打印了一份措辞优美的信,然后复印成许多份,写上不同人的名字,依次寄出;寄走后,我的心忐忑不安,不知客户们看了有何感想。几个星期后,令我兴奋的是,有几个客户给我写了回信,表示愿意加保。这件事对我鼓舞很大,于是,我决定趁热打铁,对于没有回信的直接拜访。不曾想,效果特别好,会谈时,他们不再询问我有关寿险知识,因为信上已写过,而询问的是参加寿险有什么好处,有何保障等实际操作之类的问题。

"在我寄出的第一批准客户名单中,后来成交率在30%左右,这远比我用其他方法所获得的成功率高得多。"

(3)访问约见法。

一般情况下,在试探访问中,能够与具有决定权的人直接面谈的机会较少。因此,应在初次访问时争取与具有决定权的人预约面谈。在试探访问时,应该向接见你的人这样说:"那么能不能让我向贵公司总经理当面说明一下?时间大约10分钟就可以了。您认为哪一天比较妥当?"这样一来遭到回绝的可能性自然下降。

综上3种约见方法,各有长短,应就具体情况选择采用。比如对有介绍人的就采用电话方式,没有什么关系的就用信件等。

3.5步达到成功邀约

第一步,以关心对方与了解对方为诉求。

发自内心表现出诚恳而礼貌的寒暄及亲切的问候最令人感到温馨,不过必须注意,如果过度地在言辞上褒扬对方,反而会流于虚伪做作,虽然我们常说"礼多人不怪",但是不诚实的推销辞令对许多人而言并不恰当,不如衷心的关怀比较能够取得对方的信赖。

除了诚心地问候之外,了解客户的诉求也是第一要务,敏锐的推销员必须能够在客户谈论的言辞之间了解客户心中的渴望,或是最急迫而殷切想要知道的事物,才能掌握住客户的方向,达到

邀约的目的。

第二步，寻找具有吸引力的话题。

凡是面对有兴趣的事物就不容易拒绝，例如有人喜欢逛街买东西，只要有人邀约，纵然还有许多事情没处理完，也会舍命陪君子一同前往，这是因为兴趣会引起他排除万难的决心，因此提供一个可以吸引客户接受而且具有高度兴趣的话题，才容易获得客户的认同而接受邀约。

第三步，提出邀约的理由。

合理而切合需求的理由是勾起客户"一定要"接受邀约的必备要素。推销员从客户的言行中可以得知他的需求，从需求中可以找到他的渴望，再由渴望中找到可以说服他的理由，如此一步步地分析与推论下，客户拒绝的机会便大大地降低了。

倘若使用合理的方法进行邀约都无法让客户认同，也不妨采取低声下气的哀兵招式，或是以不请自到，主动登门拜访手段令客户无法推辞，总之，不管任何方法都以能够达到邀约为首要任务。

第四步，善用二择一的销售语言。

如果问你要不要吃饭？你的回答不是不吃就是吃，但如果直接问你要吃中餐还是西餐，吃与不吃的问题就直接跳过去，而且多半会得到一个肯定的答案。

换句话说，这种直接假设对方会接受的答案是一种快速切入的方法，也是避免受到拒绝的方法。因为我们在回答问题时，总是会由于问题的内容而影响思考，而暂时性地丧失先前的思考逻辑，所以推销员在邀约时，可以舍去太过刻板的问法"有没有时间"，而改以直接问"是上午或下午有空"，或是"下午两点还是四点比较有空，让我们见个面吧"。

第五步，敲定后马上挂上电话或立即离开。

因为人们都有不好意思反悔的心态，尤其是在答应了一段时间以后，想要再提出反对的意见都比较不容易。

产品介绍术

如何向顾客介绍你的产品？不同的推销方法会产生不同的效果。给顾客讲一个有关产品的故事，向顾客进行产品示范，找到产品的特性，和其他产品做一下对比，适时运用产品介绍技巧，让你的产品成为你的忠实伙伴。

1. 用顾客能懂的语言介绍

一个秀才想买柴，高声叫道："荷薪者过来！"卖柴的人迷迷糊糊地走过来。秀才问，"其价几何？"卖柴的听不懂"几何"什么意思，但听到有"价"字，估计是询问价钱，就说出了价格。秀才看了看柴，说，"外实而内虚，烟多而焰少，请损之。"卖柴的听不懂这话，赶紧挑起柴走了。

秀才的迂腐让我们感到很可笑，但我们的推销工作中也存在这样的情况，有些推销员在与顾客沟通的过程中总会使用一些晦涩的词语，推销员理解起来可能没有什么问题，但是对行业情况不熟悉的客户，就有些摸不着头脑了。

莱恩受命为办公大楼采购大批的办公用品。结果，他在实际工作中碰到了一种过去从未想到的情况。

首先使他大开眼界的是一个推销信件分投箱的推销员。莱恩向这位推销员介绍了公司每天可能收到信件的大概数量，并对信箱提出了一些具体的要求。这个小伙子听后脸上露出大智不凡的神奇，考虑片刻，便认定顾客最需要他们的CSI。

"什么是CSI？"莱恩问。

"怎么，"他以凝滞的语调回答，话语中还带着几分悲叹，"这就是你们所需要的信箱啊。"

"这是纸板做的、金属做的，还是木头做的？"莱恩试探地问道。

"如果你们想用金属的，那就需要我们的FDX了，也可以为每个FDX配上两个NCO。"

"我们有些打印件的信封会长点。"莱恩说明。

"那样的话，你们便需要用配有两个NCO的FDX转发普通信件，而用配有RIP的PLI转发打印件。"

这时，莱恩按捺了一下心中的怒火，说道："小伙子，你的话让我听起来十分荒唐。我要买的是办公用具，不是字母。如果你说的是希腊语、亚美尼亚语或汉语，我们的翻译也许还能听出点道道，弄清楚你们产品的材料、规格、使用方法、容量、颜色和价格。"

"噢，"他答道，"我说的都是我们产品的序号。"

莱恩运用律师盘问当事人的技巧，费了九牛二虎之力才慢慢从推销员嘴里搞明白他的各种信箱的规格、容量、材料、颜色和价格,从推销员嘴里掏出这些情况就像用钳子拔他的牙一样艰难。推销员似乎觉得这些都是他公司的内部情报,他已严重泄密。

如果这位先生是绝无仅有的话,莱恩还不觉得怎样。不幸的是,这位年轻的推销员只是个打头炮的,其他的推销员成群结队而来:全都是些漂亮、整洁、容光焕发和诚心诚意的小伙子,每个人介绍的全是产品代号,莱恩当然一窍不通。当莱恩需要板刷时,一个小伙子竟要卖给他FHB,后来才知道这是"化纤与猪鬃"的混合制品,等物品拿来之后,莱恩才发现FHB原来是一只拖把。

几乎毫无例外,这些年轻的推销员滔滔不绝地讲述那些莱恩全然不懂的商业代号和产品序号,而且还带有一种深不可测的神秘表情。开始时,莱恩还觉得挺有意思,但很快就变得无法忍受。

如果顾客对你的介绍听不懂,对产品的性能不能完全领会的话,他们怎么会对你的产品感兴趣呢?通俗易懂的语言是推销员必须采用的,否则,你的推销永远不会成功。

2.深入浅出,介绍产品优点

一家公司生产出了一种新的化妆品,叫作兰牌绵羊油。公司的一位推销员在销售绵羊油的时候,没有向顾客讲绵羊油含有多少微量元素,是用什么方法生产出来的,而是讲了一个动人的故事:

很久以前,有一个国王。他是一个美食家,有一个手艺精湛的厨师,能做出香甜可口的饭菜,国王对他十分满意。突然有一天,这位厨师的手莫名其妙地红肿起来了,做出来的饭菜再也不像以前那么好了,国王十分着急,下令御医给厨师治病,可御医绞尽脑汁也弄不清楚这个病是怎么得的。厨师只好含泪离开王宫,开始了自己的流浪生涯。后来一个好心的牧羊人收留了这位厨师。于是,这位厨师每天和这位牧羊人风餐露宿,放羊为生。放羊时,厨师就躺在草地中,一边回想着过去的故事,一边用手抚摸着绵羊以发泄心中的悲愤。夏天到来的时候他帮助这位牧羊人剪羊毛。

有一天,厨师惊奇地发现自己手上的红肿不知不觉地消退了!他十分高兴,告别了牧羊人,重新来到了王宫外,只见城墙上贴着一张红榜,国王正在面向全国招聘厨师。厨师就揭掉皇榜前来应聘,这时人们早已认不出来衣衫褴褛的他了。国王品尝了他做出的饭菜以后,觉得香甜可口,简直和以前那位厨师做的一样好吃，就把他叫了过来，发现果然是以前的那位厨师。国王就非常好奇地问这位厨师，手上的红肿怎么消退了。厨师说不知道，国王详细地询问了他离开王宫之后的情景，断定是绵羊毛使厨师手上的红肿消退了。

这时，推销员话锋一转，说道："我们就是根据这个古老的故事，开发出了绵羊油。"然后很自然地进行产品推销。

向顾客介绍产品的时候，讲一两个小故事对推销员来说是走向成功推销的一条捷径，只有顾客真正了解你所推销的产品，你才可能获得成功。

介绍产品时，除了善于讲小故事外，适当的示范所起的作用也是很大的。一位推销大师说过，"一次示范胜过一千句话"。

几年来，一家大型电器公司一直在向一所中学推销他们的用于教室黑板的照明设备。联系过无数次，说过无数好话，都无结果。一位推销员想出了一个主意。他抓住学校老师集中开会的机会，拿了根细钢棍站到讲台上，两手各持钢棍的一端，说："女士们，先生们，我只耽搁大家一分钟。你们看，我用力折这根钢棍，它就弯曲了。但松一松劲，它就弹回去了。但是，如果我用的力超过了钢棍的最大承受力，它再也不会自己变直的。孩子们的眼睛就像这钢棍，假如视力遭到的损害超过了眼睛所能承受的最大限度，视力就再也无法恢复，那将是花多少钱也无法弥补的。"结果，学校当场就决定，购买这家电器公司的照明设备。

有一次，一位牙刷推销员曾向一位羊毛衫批发商演示一种新式牙刷。牙刷推销员把新旧牙刷展示给顾客的同时，给他一个放大镜。牙刷推销员会说："用放大镜看看，您就会发现两种牙刷的不同。"羊毛衫批发商学会了这一招。没多久，那些靠低档货和他竞争的同行被他远远抛在后面，从那以后他永远带着放大镜。

纽约有一家服装店的老板在商店的橱窗里装了一部放映机，向行人放一部广告片。片中，一个衣衫褴褛的人找工作时处处碰壁，第二位找工作的西装笔挺，很容易就找到了工作。结尾显出一行字：好的衣着就是好的投资。

这一招使他的销售额猛增。

有人做过一项调查,结果显示,假如能对视觉和听觉做同时诉求,其效果比仅只对听觉的诉求要大8倍。业务人员使用示范,就是用动作来取代言语,能使整个销售过程更生动,使整个销售工作变得更容易。

优秀的推销员明白,任何产品都可以拿来做示范。而且,在5分钟所能表演的内容,比在10分钟内所能说明的内容还多。无论销售的是债券、保险或教育,任何产品都有一套示范的方法。他们把示范当成真正的销售工具。

示范为什么会具有这么好的效果呢?因为顾客喜欢看表演,并希望亲眼看到事情是怎么发生的。示范除了会引起大家的兴趣之外,还可以使你在销售的时候更具说服力。因为顾客既然亲眼看到,所谓"眼见为实",脑子里也就会对你所推销的产品深信不疑。

3.介绍产品的特性,绝不隐瞒产品缺陷

美国康涅狄格州的一家仅招收男生的私立学校校长知道,为了争取好学生前来就读,他必须和其他一些男女合校的学校竞争。在和潜在的学生及学生家长碰面时,校长会问:"你们还考虑其他哪些学校?"通常被说出来的是一些声名卓著的男女合校学校。校长便会露出一副深思的表情,然后他会说,"当然,我知道这个学校,但你们想知道我们的不同点在哪里吗?"

接着,这位校长就会说,"我们的学校只招收男生。我们的不同点就是,我们的男学生不会为了别的事情而在学业上分心。你难道不认为,在学业上更专心有助于进入更好的大学,并且在大学也能很成功吗?"

在招收单一性别学校越来越少的情况下,这家专收男生的学校不但可以存活,并且生源很不错。

"人云亦云"的推销者懒惰、缺乏创意,而杰出推销员总是能找出自己产品与竞争产品不同的地方,并自然地让顾客看到、感受到,从而让顾客改变主意,购买自己的产品。既要讲产品的特色,也要明确讲出产品的缺点。

俗话说,"家丑不可外扬",对推销员来说,如果把自己产品的缺点讲给客户,无疑是在给自己的脸上抹黑,连王婆都知道自卖自夸,见多识广的优秀的推销员怎么能不夸自己的产品呢?

其实,宣扬自己产品的优点固然是推销中必不可少的,但这个原则在实际执行中是有一定灵活性的,就是在某些场合下,对某些特定的客户,只讲优点不一定对推销有利。在有些时候,适当地把产品的缺点暴露给客户,是一种策略,一方面可以赢得客户的信任,另一方面也能淡化产品的弱势而强化优势。适当地讲一点自己产品的缺点,不但不会使顾客退却,反而赢得他的深度信任,从而更乐于购买你的产品。因为每位客户都知道,世上没有完美的产品,就好像没有完美的人,每一件产品都会有缺点,面对顾客的疑问,要坦诚相告。

一个不动产推销员,有一次他负责推销一个市区南城的一块土地,面积有120坪,靠近车站,交通非常方便。但是,由于附近有一座钢材加工厂,铁锤敲打声和大型研磨机的噪音不能不说是个缺点。

尽管如此,他打算向一位住在这个城市工厂区道路附近,在整天不停的噪声中生活的人推荐这块地皮。原因是其位置、条件、价格都符合这位客人的要求,最重要的一点是他原来长期住在噪音大的地区,已经有了某种抵抗力,他对客人如实地说明情况并带他到现场去看。他说:"实际上这块土地比周围其他地方便宜得多,这主要是由于附近工厂的噪音大,如果对这一点并不在意的话,其他如价格、交通条件等都符合您的愿望,买下来还是合算的。"

"您特意提出噪音问题,我原以为这里的噪音大得惊人呢,其实这点噪音对我家来讲不成问题,这是由于我一直住在10吨卡车的发动机不停轰鸣的地方。况且这里一到下午5时噪音就停止了,不像我现在的住处,整天震得门窗咔咔响,我看这里不错。其他不动产商人都是光讲好处,像这种缺点都设法隐瞒起来,您把缺点讲得一清二楚,我反而放心了。"

不用说,这次交易成功了,那位客人从工厂区搬到了南城。

优秀的推销员为什么讲出自己产品的缺点反而成功了呢?因为这个缺点是显而易见的,即使你不讲出来,对方也一望即知,而你把它讲出来只会显示你的诚实,而这是推销员身上难得的品质,会使顾客对你增加信任,从而相信你向他推荐的产品的优点也是真的。最重要的是他相信了你的人品,那就好办多了。

4.产品比较更能吸引顾客

一个卖苹果的人,他把苹果定为每斤5元。下班的时候到了,他大声吆喝:"5元一斤,便宜了。"他的吆喝吸引来一些低收入客户。这个卖苹果的回家后,仔细琢磨,到底什么原因使更多的顾客宁愿去超市购买高价苹果呢?而且超市的苹果和自己的品种一模一样,为什么苹果价越低越不好卖呢?终于他明白了。

第二天，他把苹果分为两车，一车苹果仍然卖每斤5元，而和这一车一样的另一车苹果标价为每斤10元。果不出所料，卖得比前几天分外好，而且还赚钱。

回去后，一些果农问他为什么这样卖会更快、更赚钱，憨厚的他只是笑，吩咐别的果农照办就是了，他也不知道恰当的解释。

这个小故事道理其实很简单，果农只不过运用对比缔结成交法，准确地抓住了顾客的购买心理。这种办法适合任何推销，而且简单易行。

说起对比，一般人都能理解。其实，在推销产品时，很多推销员都曾运用过。比如一个寿险推销员去一家农户推销寿险，而该农户说他们已经买了保险，并且告诉你是财产险。你接下来会怎样开始推销自己的寿险呢？很简单，你把两种险作对比，找出财产险没有涉及的而寿险有的益处，进而让客户感到原来寿险比财产险更有利于人身和财产的安全。在现代社会里，有种观念已经腐蚀着人的思想，这便是经常说的："好货不便宜，便宜没好货"。有的大超市抓住客户心理，把两件明明一样的衣服分为两个价，比如一件是500元，一件是800元。这样有的客户觉得800元的料子一定比500元的好，所以就宁愿用高价买下800元的这件，而有些顾客生活水平不高，想模仿高收入的人，所以虚荣心驱动着他买下500元的这件，还回去宣扬一番，说自己买了件800元的衣服。可笑的是，两件衣服质地、加工都一样，这就是顾客买东西的两种心理。

多去比较自己产品和同类的产品，吸引顾客购买是最终目的。

成交语术

运用动听的声音，掌握语言的魅力，还要把握成功洽谈的要点，避免导致洽谈失败的语言，掌握成交语术，让交易轻松达成。

1.运用动听声音，掌握语言魅力

你若想培养自己成为一个诚实的人，首先就应当培养自己的诚意，所谓"诚于内形于外"，这样才能使你的诚意，表现在自己的一举一动上。这种存在于内心中的诚意，会从你的表情上流露出来，更会从你说话的声音里流露出来，传遍你的全身。

一个人的态度、神情、笑容、眼光都是沉默的，但却能够传达他的情意。这种无言的交流，在人际关系上占有很重要的地位。你可以利用这种方式来吸引对方，使对方获得无言的第一印象，这是推销员应该具有的第一个条件。此外，你更应该使人清清楚楚、快快活活地听懂你所讲的每一句话。要能够沟通彼此的心意，必须依赖我们的音色，所以你应该以明朗、活泼、富有吸引力的音色，简洁明了地传达自己的思想，这是你的义务。

言语的影响力的确是不可低估，一句话可以使对方感动、豁然开朗，甚至于生气。推销员最主要的就是用这种具有不可思议的魔力的言语来做买卖，即所谓靠嘴巴吃饭。

有这么一个故事：从前波兰有位明星，大家都称她摩契斯卡夫人。一次她到美国演出时，有位观众请求她用波兰语讲台词，于是她站起来，开始用流畅的波兰语念出台词。

观众都只觉得她念的台词非常流畅，但不了解其意义，只觉得听起来非常令人愉快。

她接着往下念，语调渐渐转为热情，最后在慷慨激昂、悲怆万分时戛然而止，台下的观众鸦雀无声，同她一样沉浸在悲伤之中。突然台下传来一个男人的爆笑声，他是摩契斯卡夫人的丈夫、波兰的摩契斯卡伯爵。因为夫人刚刚用波兰语背诵的是九九乘法表。

从这个故事中，我们可以看到，说话的语气竟然有如此不可思议的魅力。即使不明白其意义，也可以使人感动，甚至可以完全控制对方的情绪。那么谁都可以听得懂的国语不更是如此吗？如果只能说几句杂乱无章、毫无感情的话，想干推销工作恐怕还早得很。

2.把握成功洽谈话语的要点

成功洽谈的核心是运用肯定性语言促使对方说出"是"或"是的"，从正面向对方明确表示购买该商品会给他带来哪些好处。

言辞方面的肯定性表现，应该作为内在积极性的流露。所以，要想取得理想的推销成绩，推销员必须从根本上成为一位真正积极的人，应该自觉做到积极地正面性地思考、正面性地发言、正面性地动作，使自己从内到外真正积极起来。

世界著名推销员原一平在推销寿险时，总爱向客户问一些主观答"是"的问题。他发现这种方法很管用，当他问过五六个问题，并且客户都答了"是"，再继续问保险上的知识，客户仍然会点头，这个惯性一直保持到投保。

原一平搞不清里面的原因，当他读过心理学上的"惯性"后，终于明白了，原来是惯性化的心理使然。他急忙请了一个内行的心理学专家为自己设计了一连串的问题，而且每一个问题都让自己的准客户答"是"。利用这种方法，原一平缔结了很多大额保单。

这种方法后来被称为"6+1缔结法则"。

"6+1缔结法则"源自于推销过程中一个常见的现象：假设在你推销产品前，先问客户6个问题，而得到6个肯定的答案，那么接下来，你的整个销售过程都会变得比较顺畅，当他和你谈产品时，还不断且连续地点头或说"是"的时候，你的成交机遇就来了。他已形成一种惯性。每当我们提一个问题而客户回答"是"的时候，就增强了客户的认可度，而每当我们得到一个"不是"或者任何否定答案时，也降低了客户对我们的认可度。成交由多个因素促成，做好每一个环节积极促成成交。

3.尽量避免易导致洽谈失败的语言

开始洽谈时，每一位推销员都希望自己能成为一名成功者，而不愿去做一名失败者。因此，他们都会尽量避免使用带有负面性或者说否定性含义的词语。所以，在洽谈时推销员都尽可能少使用容易引起对方戒备心理的语言，这样才不会使洽谈失败。

但另一方面，人们的潜意识里又常常有一种被害者意识，即老是怀疑自己是不是会受到不利的对待，这种意识显然是负面的。通常这种意识并不表现为明显的对话，而作为一种恐惧、担心、紧张不安的心情表现出来，有时会形成模糊语言，即自问自答的谈话，这些谈话往往自己都意识不到，而是下意识或本能地进行着，比如：

（1）或许他又不在家。

（2）说不定又要迟到了。

（3）利润也许会降低。

（4）这个月也许不能达到目标。

（5）或许又要挨骂了。

根据专家的统计，我们在一天中使用这种否定性"内意识"的次数大约为200～300次。因此，这类的担心是普遍和正常的，重要的是在意识水平上战胜、抑制住这种恐惧，不能让它表现在与客户的洽谈上。但许多推销员往往做不到这一点，或者没有自觉地有意识去做，于是在洽谈中把自己的不自信、担心和急切愿望表露无遗。这种负面的意识传递给客户，往往会使客户产生怀疑，以至于心理封闭起来，使进一步沟通变得困难，洽谈也就宣告失败。

设想顾客面对的推销员老是说这类生硬、令人丧气的话，就会自然而然地产生怀疑，甚至还会产生反感，失去与他继续交谈的兴趣，更不要说产生购买愿望了。这样，成交的机会当然会减少。推销员要尽量避免使用导致洽谈失败的语言，让洽谈顺利进行下去。

处理反对意见艺术

推销中难免遇到比较"困难"的客户，征服"困难"客户需要有耐心、有计谋，勇于征服反对意见。

1.迎难而上解决问题

查理是电视台的广告推销员，这回他碰到一个棘手的问题，公司要他去攻克一个"难点"客户，这名客户在众多推销员心里相当有影响，他们把对这名客户的描述记录在卡片上给了查理。

查理仔细研究了一下这些卡片，卡片上记录非常清楚，他已经5年没有购买过电视台的广告时间，同时还记着好几个同他联系过的推销员的评价。第一个写道："他恨电视台。"第二个写道："他拒绝在电话里同电视台推销代表谈话。"第三个写的是："这人是混蛋。"

其他推销员的评价更加令查理捧腹大笑："这个客户究竟能有多坏？"他想，"如果我做成了这笔生意，那该是多么令人骄傲的事，我一定要与他做成买卖。"

客户的工厂在镇的另一边，查理花了一个小时才到那儿，一路上，查理一直在为自己鼓气："他以前曾在我们电视台购买过广告时间，因此我也可以让他再买一次。""我知道我将与他达成买卖协议，我一定可以……"查理不停地说。

最终，查理打起精神，下了车，走向大楼的主通道。通道里挺暗的，查理按一下门铃，没人应。"太好了。"查理想，"我以后可以再也不来这儿了。"突然，查理看到有一个身材魁梧的人穿过大厅走来。查理知道是主人来了，因为卡片上清楚地记录着他是个异常高的人。

"嗨！您好。"查理努力保持平静的声音，"我是TDL电视台的查理。"

"滚开！"他大叫起来，看上去他异常气愤，额头上的青筋突起。

查理以为自己会按他说的去做，但是查理却说："不，等等，我是公司的新职员，我希望您拿出5分钟时间来帮帮我。"

他推开门，走向大厅，并让查理随他过去。查理跟着他来到办公室。

他在桌后坐下便开始对查理大吼。他告诉查理，电视台对他公司的报道是如何如何的糟糕和低劣。他告诉查理其他的推销员之所以让他愤怒，是因为他们从不做他们承诺过的事。

"您看一下这张卡片，这是他们对您的评价。"查理把那些卡片递给他。

他瞪着那张卡片，一言不发。

他们谁也不说一句话。这时，查理打破冷场："您看，不管以往发生过什么，不管您如何看待他们，还是他们如何评价您，现在唯一重要的是晚上10点半的天气预报广告时段公开销售了，那是一个黄金时段，如果您购买的话，对您的生意将大有裨益，我发誓我会做得非常不错，我不会让您失望的。"

"这就行了。"他的语气缓和了许多，"价钱多少？"

查理给他报了一个价，然后他告诉查理："行，就这样达成协议吧。"

当查理回到电视台将订单给其他推销代表看时，查理几乎都认为自己有两米高了，从此以后，查理对于那些被认为棘手的客户再也没有犹豫过了。

遇到棘手客户也没有什么可怕的，不要犹豫，更不要退缩，唯有迎难而上，这才是解决难题的关键。

2.巧妙对付谈判对手

在谈判中很可能遇到以战取胜的谈判者，那么，应如何对付这样的对手？

首先要能破"诡计"。如果识破了对方的战术，其战术就不再起作用了，因为被识破的战术就不是战术了。例如，对方采用情感战术，你可以明确告诉对方，你虽然愿意帮助他，但是你没有权力答应他的要求。也可以点明并承认其战术高明，赞扬对手巧妙地使用了它。总之，首先不要被对方唬住了。只要能保持理智

的态度，用事实而不是感情来商谈，同时表现冷静、端庄、威严的风度和坚定的立场，那么，不论对方如何变换花样，也无济于事。

然后要善于保护自己。当对方力量比自己强，并使用强硬的以战取胜的战略时，你可能担心已经投下不少心血，万一交易做不成，那将如何如何。其实在这种情况下，最大的危险是你百般迁就对方并贸然前进。有不少交易，你应该下决心放弃，这可是保护自己的最好方法。另一种保护自己的方法是"搭建禁区铁丝网"，比如，可以用"底价"来保护自己。所谓"底价"是愿意接受的最低价，对买主来讲，"底价"则是愿意付出的最高价。一旦对手的要求超过此范围，应立即退出交易。

善于因势利导。如果对方立场比较强硬，你又没有力量改变它，那么，当他们攻击你时，不要反击，要把对方对你的攻击转移并引到问题上。不要直接抗拒对方的力量，而要把这力量引向对利益的探求及构思彼此有利的方案和寻找客观规律上。对于对方的立场不要进行攻击，而要窥测其中隐含的真实意图。请对方提出对你的方案的批评和建议，把对你个人的攻击引向对问题的讨论。

最好能召请第三者。当你无法和对方进行原则性谈判时，可以召请第三者出面进行调解。中间人因不直接涉及其中的利害关系，也容易把人与问题分开，容易把大家引向利益和选择方案上的讨论，并可以提出公正的原则，有利于解决双方的分歧。

问对题术

提问是交谈中的重要内容。边听边问可以引起对方的注意，为他的思考提供既定的方向；可以获得自己不知道的信息；可以传达自己的感受，引起对方的思考。

1.不同的提问会有不同的效果

一名教士去问他的上司："我在祈祷的时候可以抽烟吗？"这个请求理所当然地遭到了拒绝。

另一名教士也去问同一个上司："我在抽烟时可以祈祷吗？"同一个问题，一经他这么表述，却得到允许。可见提问是很有讲究的。

有一位母亲在和别人聊天的时候，谈到了自己的儿子。原来这个儿子要求母亲为自己买一条牛仔裤,一个简单得不能再简单的要求。"

但是,儿子怕遭到拒绝,因为他已经有了一条牛仔裤,母亲是不可能满足他所有要求的。于是儿子采用了一种独特的方式,他没有像其他孩子那样或苦苦哀求,或撒泼耍赖,而是一本正经地对母亲说:"妈妈,你见过没见过一个孩子他只有一条牛仔裤?"

这颇为天真而又略带计谋的问话,一下子打动了母亲。事后,这位母亲谈起这事,谈到了当时自己的感受:"儿子的话让我觉得若不答应他的要求,简直有点对不起他,哪怕在自己身上少花点,也不能太委屈了孩子。"

就是这样一个未成年的孩子,一句话就说服了母亲,满足了自己的要求。在他说这话时,目的就是要打动母亲,并没有想到该用什么样的方法。而在事实上,他的确是从母亲爱子深情上刺激了母亲,让母亲觉得儿子的要求是合情合理的。有的时候,巧妙地提问能产生意想不到的效果。

里根在担任美国总统时,曾发生与伊朗进行秘密武器交易问题(即"伊朗门事件")。1986年事发后,引起全国一片抗议之声,因为这在美国是严重违法的。里根为洗刷自己,先后抛出几个替罪羊,依然难以过关。在一次记者招待会上,一名记者向里根发问道:"您作为总统,事先是否知道'伊朗门事件'?"里根对此难以作答,陷入了窘境。

记者的提问是一个典型的两难设问,它蕴含着两难推理:如果里根事先知道"伊朗门事件",那么,总统本人严重违法;如果事先不知道"伊朗门事件",那么里根是严重失职的(因为他竟不知道部下在干什么)。或者事先知道,或者事先不知道,总之,或者里根总统干了严重违法的事,或者他严重失职。因此,里根无法回答记者的提问。

2.善于使用反问

一家英国电视台记者采访我国某著名作家。对方问了一个十分刁钻的问题:"没有文化大革命,可能不会产生你们这一代作家,那么,文化大革命在你看来究竟是好还是坏呢?"说着便举起摄像机,递过话筒,等待回答。这一问题十分辛辣,被问者无论做肯定的还是否定的回答,都将产生不良的影响。然而,他却镇定自若,反问记者:"没有第二次世界大战,就没有因反映第二次世界大战而闻名的作家。那么,你认为第二次世界大战是好还是坏呢?"记者张口结舌,扫兴而去。

对方的观点或某一句话里往往隐含着自相矛盾，而己方又难以用陈述的语气挑明。此时，己方便可借助于提出一个问题，使对方的自相矛盾处明显暴露，置对方于被动地位。

有位女作家擅长写言情小说，深受中学生及小资女性的喜爱。一些不喜欢这位作家的人抨击她说："她不是一个老处女吗？怎么能把男女之间的恩怨写得那么逼真呢？难道她的生活就是如此放荡不羁吗？"

听到这种流言蜚语后，这位女作家马上在报上登载了一则启事："果真如此吗？我想请问，是不是一定要尝过牢狱之灾的作家，才能够写出有关囚犯的小说？是不是只有行迹到达水星的作家，才写得出关于外星人的作品？一个在内地长大的人，为什么敢断定餐桌上的海鲜营养丰富呢？假如有位专攻癌症的专家身体一向健康，那他的研究成果是否就不值得信赖呢？"

对于偶然遇到的意外场合，可以以常理来推论，用通则来解释。这里所说的"常理""通则"，是指由经验归纳出来的结论。这种结论来自通常情况下所发生的事件或大多数情况的概括，所以它并不适用于例外。

英国诗人乔治·英瑞是一位木匠的儿子，虽然当时他很受英国上层社会的尊重，但他从不隐讳自己的出身，这在英国当时虚浮的社会情况下是很少见的。

有一次，一个纨绔子弟与他在某个沙龙相遇。该纨绔子弟非常嫉妒他的才能，企图中伤他，便故意在别人面前高声问道："对不起，听说阁下的父亲是一个木匠？"

"是的。"诗人回答。

"那他为什么没有把你培养成木匠呢？"

乔治微笑着回答："对不起，那阁下的父亲是绅士了？"

"是的！"这位贵族子弟傲气十足地回答。

"那么，他怎么没有把你培养成绅士呢？"

顿时，这个贵族子弟像泄了气的皮球，哑口无言。

3.推销中的提问技巧

推销中有以下几种提问方法，善于提问也是一种技巧。

（1）限定型提问。

在一个问题中提示两个可供选择的答案，两个答案都是肯定的。

人们有一种共同的心理——认为说"不"比说"是"更容易和更安全。所以，内行的推销人员向顾客提问时，尽量设法不让顾客说出"不"字来。如，与顾客约定见面时间时，有经验的推销人员从来不会问顾客："我可以在今天下午来见您吗？"因为这种只能在"是"和"不"中选择答案的问题，顾客多半只会说："不行，我今天下午的日程实在太紧了，等我有空的时候再打电话约定时间吧。"有经验的推销人员会对顾客说："您看我是今天下午2点钟来见您，还是3点钟来？""3点钟来比较好。"当他说这句话时，你们的约定已经达成了。

（2）单刀直入法提问。

这种方法要求推销人员直接针对顾客的主要购买动机，开门见山地向其推销，请看下面的场面：门铃响了，当主人把门打开时，一个衣冠楚楚的人站在大门的台阶上，这个人说道："家里有高级的食品搅拌器吗？"男人怔住了。这突然的一问使主人不知怎样回答才好。他转过脸来看他的夫人，夫人有点窘迫但又好奇地答道："我们家有一个食品搅拌器，不过不是特别高级的。"推销人员回答说："我这里有一个高级的。"说着，他从提包里掏出一个高级食品搅拌器。接着，不言而喻，这对夫妇接受了他的推销。假如这个推销人员改一下说话方式，一开口就说："我是×公司推销人员，我来是想问一下你们是否愿意购买一个新型食品搅拌器？"你想一想，这种说话的推销效果会如何呢？

（3）连续肯定法提问。

这个方法是指推销人员所提问题便于顾客用赞同的口吻来回答，也就是说，推销人员让顾客对其推销说明中所提出的一系列问题，连续地回答"是"，然后，等到要求签订单时，已造成有利的情况，好让顾客再做一次肯定答复。如，推销人员要寻求客源，事先未打招呼就打电话给新顾客，可说："很乐意和您谈一次，提高贵公司的营业额对您一定很重要，是不是？"（很少有人会说"无所谓"）"好，我想向您介绍我们的×产品。这将有助于您达到您的目标，日子会过得更潇洒。您很想达到自己的目标，对不对？"……这样让顾客一"是"到底。

运用连续肯定法，要求推销人员要有准确的判断能力和敏捷的思维能力。每个问题的提出都要经过仔细思考，特别要注意双方对话的结构，使顾客沿着推销人员的意图做出肯定的回答。

（4）诱发好奇心法提问。

诱发好奇心的方法是在见面之初直接向潜在的买主说明情况或提出问题，

故意讲一些能够激发他们好奇心的话，将他们的思想引到你可能为他提供的好处上。如，一个推销人员对一个多次拒绝见他的顾客递上一张纸条，上面写道："请您给我10分钟好吗？我想为一个生意上的问题征求您的意见。"纸条诱发了采购经理的好奇心——他要向我请教什么问题呢？同时也满足了他的虚荣心——他向我请教！这样，结果很明显，推销人员应邀进入办公室。

（5）"刺猬反应"提问。

在各种促进买卖成交的提问中，"刺猬反应"技巧是很有效的。所谓"刺猬反应"，其特点就是你用一个问题来回答顾客提出的问题，用自己的问题来控制你和顾客的洽谈，把谈话引向销售程序的下一步。让我们看一看"刺猬反应"式的提问法。

顾客："这项保险中有没有现金价值？"

推销人员："您很看重保险单是否具有现金价值的问题吗？"

顾客："绝对不是。我只是不想为现金价值支付任何额外的金额。"

对于这个顾客，你若一味向他推销现金价值，你就会把自己推到河里去，一沉到底。这个人不想为现金价值付钱，因为他不想把现金价值当成一桩利益。这时，你应该向他解释现金价值这个名词的含义，提高他在这方面的认识。

一般地说，提问要比讲述好，但要提出有分量的问题并不容易。简而言之，提问要掌握两个要点：

第一，提出探索式的问题。发现顾客的购买意图以及怎样让他们从购买的产品中得到他们需要的利益，从而就能针对顾客的需要为他们提供恰当的服务，使买卖成交。

第二，提出引导式的问题。让顾客对你打算为他们提供的产品和服务产生信任。还是那句话，由你告诉他们，他们会怀疑；让他们自己说出来，就是真理。

在你提问之前还要注意一件事——你问的必须是他们能答得上来的问题。

最后，根据洽谈过程中你所记下的重点，对客户所谈到的内容进行简单总结，确保清楚、完整，并得到客户一致同意。

例如："王经理，今天我跟您约定的时间已经到了，今天很高兴从您这里听到了这么多宝贵的信息，真的很感谢您！您今天所谈到的内容一是关于……二是关于……三是关于……是这些，对吗？"

PART 03
《世界上最伟大推销员的成功法则》
——汲取成功销售的经验

本书系统地研究了数位世界上最伟大的推销员的成功模式，综合他们的成功规律，萃取出几十种成功的法则，让你抢先一步发现销售成功的捷径。相信通过借鉴别人的成功经验，加上不断地探索，一步一个脚印，我们一定能达到一个新的高度。

先推销自己：良好的印象是成功的第一步

有"日本推销之神"称号的原一平，在开始做推销时并不顺利，推销不利、业绩不佳的问题一直困扰着他。

一次，他去拜访一家名叫"村云别院"的寺庙。

"请问有人在吗？"原一平问。

"哪一位啊？"

"我是明治保险公司的原一平。"

原一平被带进庙内，与寺庙的住持吉田和尚相对而坐。

老和尚一言不发,很有耐心地听原一平把话说完。然后,他以平静的语气说:"听完你的介绍之后,丝毫引不起我投保的意愿。"停顿了一下,他用慈祥的双眼久久注视着原一平,然后接着说,"人与人之间,像这样相对而坐的时候,一定要具备一种强烈的吸引对方的魅力,如果你做不到这点,将来就没什么前途可言了。"

原一平起初并不明白老和尚话中的含义,后来逐渐领悟到那句话的意思,只觉傲气全失,冷汗直流,呆呆地望着吉田和尚。

老和尚又说:"年轻人,先努力去改造自己吧!"

"改造自己?"

"是的,你知不知道自己是一个什么样的人呢?要改造自己,首先必须认识自己。"

"认识自己?"

"是的,赤裸裸地注视自己,毫无保留地彻底反省,然后才能认识自己。"

"请问我要怎么去做呢?"

"就从你的投保户开始,你诚恳地去请教他们,请他们帮助你认识自己,让他们告诉你怎样才能接受你、信服你。我看你有慧根,倘若照我的话去做,他日必有所成。"

吉田和尚的一席话,犹如当头棒喝,点醒了原一平。

人如果连自己都不认识,如何去说服他人?要做就从改造自己开始做起。推销员如果不能让客户接受自己,又如何能让客户接受你的产品呢?要推销产品就要从推销自己开始,一旦客户接受了你,产品只不过是伴随你进入他们生活的一件附加品而已,推销自然也变得简单起来。

推销自己首先从塑造自己的良好印象开始。伟大的推销员乔·吉拉德提醒我们说:"把自己推销给别人是你成功推销的第一步,你要特别注意

的是你给别人留下的第一印象是不是足够好。"研究也认为,在见面的头10秒钟内就决定了交易会完成还是将破裂。我们确实根据在与一个人见面的头几秒钟内所得到的印象,快速做出对他的判断。如果这些判断是不利的,那么所有的销售都不得不首先克服这位专业推销人员在准客户心中留下的糟糕印象。相反地,一个良好的印象则肯定有利于你的销售。

这就是心理学中的首因效应,即人们根据最初接触到的信息所形成的印象最不易改变,并且对以后的行为活动和评价的影响也最大。首因效应,通俗地讲,即第一印象。西方的一句谚语"你没有第二个机会留下美好的第一印象",道出了第一印象的重要性,因此,给客户留下最佳的第一印象是推销员最基本的职业需求。

良好的第一印象体现在你的衣着打扮、言行举止的细节之中。

微笑是最好的名片

著名推销员乔·吉拉德说:"有人拿着100美元的东西,却连10美元都卖不掉,为什么?看看他的表情就知道了。要把东西推销出去,自己的面部表情很重要:它可以拒人千里,也可以使陌生人立即成为朋友。"

微笑并不简单,"皱眉需要9块肌肉,而微笑,不仅要用嘴、用眼睛,还要用手臂、用整个身体"。吉拉德这样诠释他富有感染力并为他带来财富的笑容:"微笑可以增加你的魅力值。当你笑时,整个世界都在笑。一脸苦相是没有人愿意理睬你的。"微笑是谁都无法抗拒的魅力,微笑的力量超出你的想象,养成微笑的习惯,一切都会变得简单。

威廉是美国推销寿险的顶尖

高手，年收入高达百万美元。他成功的秘诀就在于拥有一张令客户无法抗拒的笑脸。但那张迷人的笑脸并不是天生的，而是长期苦练出来的。

威廉原来是美国家喻户晓的职业棒球明星球员，到了40来岁因体力日衰而被迫退休，而后去应征保险公司推销员。

他自以为凭他的知名度理应被录取，没想到竟被拒绝。人事经理对他说："保险公司推销员必须有一张迷人的笑脸，但你却没有。"

听了经理的话，威廉并没有气馁，立志苦练笑脸。他每天在家里放声大笑上百次，邻居都以为他因失业而发神经了。为避免误解，他干脆躲在厕所里大笑。

练习了一段时间，他去见经理。可经理还是说不行。

威廉没有泄气，继续苦练。他搜集了许多公众人物迷人的笑脸照片，贴满屋子，以便随时模仿。

他还买了一面与身体同高的大镜子摆在厕所里，只为了每天进去大笑三次。隔了一阵子，他又去见经理，经理冷冷地说："好一点了，不过还是不够吸引人。"

威廉不认输，回去加紧练习。一天，他散步时碰到社区管理员，很自然地笑了笑，跟管理员打招呼。

管理员说："威廉先生，您看起来跟过去不太一样了。"这话使他信心大增，立刻又跑去见经理，经理对他说："是有点意思了，不过仍然不是发自内心的笑。"

威廉仍不死心，又回去苦练了一阵，终于悟出"发自内心如婴儿般天真无邪的笑容最迷人"，并且练成了那张价值百万美元的笑脸。

我国有句俗语，叫"非笑莫开店"，意思是做生意的人要经常面带笑容，这样才会讨人喜欢，招徕顾客。这也如另一句俗话所说："面带三分笑，生意跑不了。"

微笑比语言更有力，微笑表示的是"你好""我喜欢你""你使我感到愉快""我非常高兴见到你""和你说话我很高兴"等。因此，脸上常带微笑的人，总是更容易成功。因为一个人的笑容就是传递他的好意的信使，他的笑容可以照亮所有看到它的人。没有人喜欢帮助那些整天皱着眉头、愁容满面的人，更不会信任他们；很多人在社会上得以立足，正是从微笑开始的；还有很多人在社会上获得了极好的人缘也是从微笑开始的；很多人在事业上畅行无阻，亦是通过微笑获得的。

举止有度，不失礼节

得体的举止可以塑造一个人的良好形象，推销员时时刻刻都在和人打交道，懂得人际交往的礼节就显得更加重要。

所以，要想成为一名优秀的推销员，我们需注意以下几个基本礼节：

1.守时

派克先生想买一台计算机，他和推销员哈利约好下午1点半在哈利办公室面谈。派克先生准点到达，而哈利却在20分钟之后才趾高气扬地走了进来。

"对不起，我来晚了。"他随口说着，"我能为你做点什么？"

"你知道，如果你是到我的办公室做推销，即使迟到了，我也不会生气，因为我完全可以利用这段时间干我自己的事。但是，我上你这儿来照顾你的生意，你却迟到了，这是不能原谅的。"派克先生直言不讳地说。

"我很抱歉，但我刚才正在街对面的餐馆吃午饭，那儿的服务实在太慢了。"

"我不能接受你的道歉。"派克先生说，"既然你和客户约好了时间，当你意识到可能迟到时，应该抛开午餐前来赴约。是我，你的客户，而不是你的胃口应该得到优先考虑。"

尽管那种计算机的价格极具竞争性，哈利也毫无办法促成交易，因为他的迟到激怒了派克。更可悲的是，他竟然根本没想通为什么会失去这笔生意。

守时是赴约的人首先应该遵守的礼仪，这是对人的基本尊重。如果你与客户预约了时间，就一定要提前或准时到达，如果因不可抗拒的因素迟到或无法赴约，必须及时通知客户，诚挚地道歉。而在与客户见面时，更应该保持谦虚谨慎的态度，切忌傲慢无礼、夸夸其谈，否则会让客户感觉到你不可靠，从而丧失交易的机会。

2.握手

握手虽然简单，但其中也是大有讲究的。

当推销员与客户见面时，若双方均是男性，某一方或双方均坐着，那么就应站起来，趋前握手；若推销员是男性，客户是女性，则推销员不应先要求与对方握手。握手时，必须正视客户的脸和眼睛，并面带微笑。还要注意，戴着手套握手是不礼貌的，伸出左手与人握手也不符合礼仪；同时，握手时用力要适度，既不要太轻也不要太重。适宜的握手方式往往能带来良好的效果。可以想象，如果一个推销人员像抹盘子一样淡漠无趣地与客户握手，或者只是轻轻地抓一下客户的手指尖，客户会做出什么反应。同样，过度用力握手也会使客户产生厌恶和反感，对女性客户更是如此。

3.不要吸烟

在推销过程中，推销人员尽量不要吸烟。这是因为：其一，吸烟有害身体健康。其二，在推销过程中，尤其是在推销面谈中吸烟，容易分散客户的注意力。例如，在推销人员抽完一支香烟并准备将烟头扔掉时，客户可能会担心其地毯、桌面或纸张被损坏。其三，不吸烟的客户对吸烟者会产生厌恶情绪。

如果知道客户会吸烟，也应注意吸烟方面的礼节。接近客户时，可以先递上一支烟。如果客户先拿出烟来招待自己，推销人员应赶快取出香烟递给客户说："先抽我的。"如果来不及递烟，应起身双手接烟，并致谢。不会吸烟的可婉言谢绝。应注意吸烟的烟灰要抖在烟灰缸里，不可乱扔烟头、乱抖烟灰。当正式面谈开始时，应立即灭掉香烟，倾听客户讲话。如果客户不吸烟，推销人员也不要吸烟。

4.喝茶

喝茶是中国人的传统习惯。如果客户端出茶来招待，推销人员应该起身用双手接过茶杯，并说声"谢谢"。喝茶时不可狂饮、不可出声、不可评论。

5.打电话的礼节

即使是不与客户见面的电话销售，言行举止也要注意相应的礼节。

推销人员在拿起电话之前应做好谈话内容的准备。通话内容应力求简短、准确，关键部分要重复。通话过程中，应多用礼貌用语。若所找的客户不在，应请教对方，这位客户何时回来。打完电话，应等对方将电话挂断后，再将电话挂上。

总而言之，要想成功推销产品，就要先推销自己。要想推销自己，必须讲究推销礼仪，进行文明推销。

相信自己，你也能成为推销赢家

把自己推销给客户不仅需要上面提到的技巧和能力，更需要勇气和信心。

由于人们对推销员的认知度比较低，导致推销员在许多人眼中成为骗子和喋喋不休的纠缠者的代名词，从而对推销产生反感。这不仅给推销员的工作带来很大不利，而且也在潜移默化中让有些推销员自惭形秽，甚至不敢承认自己推销员的身份，让他们工作的开展更加艰难。这种尴尬，即使是伟大的推销员在职业生涯的初期也无法避免。

当今顶尖成功学家布莱恩·崔西也是一名杰出的推销员。在从事推销工作之前，布莱恩·崔西是一位工程师，当他放弃舒适的工程师工作，成为一名推销员后，体会到了一种前所未有的挫败感，因为那时人们普遍对推销员有一种排斥心理，初入道的新手根本不知道该如何化解客户的这种情绪。

有一次，布莱恩·崔西向一位客户进行推销。尽管这位客户是一位朋友介绍的，但当他们交谈时，布莱恩·崔西仍然能感受到对方那种排斥心理，这个场面让他非常尴尬。"我简直就不知道是该继续谈话还是该马上离开。"布莱恩在提到当时的情景时说。

后来，一个偶然的机会，布莱恩·崔西发现了自己挫败感的根源在于不敢承认自己推销员的身份。认识到这个问题后，他下决心改变自己。于是，每天他都满怀信心地去拜访客户，并坦诚地告诉客户自己是一名推销员，是来向他展示他可能需要的商品的。

"我曾经在欧洲参加过一个研讨会，并进行了推销讲座，那时遇到的最大阻力就是人们对推销员的认知极低,人们对推销工作以及推销员非常冷漠,甚至缺乏应有的尊重,而在其他许多国家也同样存在着这种情况。"布莱恩·崔西承认当时的事实,但并不代表他会因此屈服。

"在我看来,人们的偏见固然是一大因素,但推销员自身没有朝气,缺乏自信,没有把自身的职业当作事业来经营是这一因素的最大诱因。"布莱恩·崔西说,"其实,推销是一个很正当的职业,是一种服务性行业,如同医生治好病人的病,律师帮人排解纠纷,而身为推销员的我们,则为世人带来舒适、幸福和适当的服务。只要你不再羞怯,时刻充满自信并尊重你的客户,你就能赢得客户的认同。"

同时,布莱恩·崔西还提到了另一个因素——心态问题。比如看到一个杯子里装有半杯水,悲观的人会说:"杯子里面只有半杯水。"而乐观的人并不这样认为,他会说:"还好,里面还有一半水。"虽然他们描述的是同一件事物,但前者的态度是失望,后者则是充满希望。

"乐观者在每次困境中都可以看见转机,而悲观者却在每次机会中发现困境。"布莱恩·崔西说,"毫无疑问,一名乐观者往往比悲观者成功的机会大得多。"

"现在就改变自己的心态吧!大胆承认我们的职业!"布莱恩·崔西呼吁道,"成功永远追随着充满自信的人。我发现获得成功的最简单的方法,就是公开对人们说:'我是骄傲的推销员。'"

"相信自己,你也能成为推销赢家。"这是布莱恩·崔西的一位朋友告诉他的,布莱恩·崔西把它抄下来贴在案头,每天出门前都要看一遍。后来,他的愿望实现了。每一个有志于成为杰出推销员的你,不妨也在心中刻下一些话,不断激励自己:

——远离恐惧,充满自信、勇气和胆识;

——不要当盲从者,争当领袖,开风气之先;

——避谈虚幻、空想,追求事实和真理;

——打破枯燥与一成不变,自动挑起责任,接受挑战。

无论任何时候,你都要给自己一个理由,相信自己可以成为推销赢家!总有一天,你也会像布莱恩·崔西那样成为一名杰出的推销员。

把产品视为你的爱人

一位优秀的推销员说:"你爱你产品的程度与你的推销业绩成正比。"只要热爱自己所推销的产品、热爱自己的工作,我们一定会成功!相信所有的企业都在寻找能"跟产品谈恋爱的人"。

下面故事中的女推销员正是忽视了对产品的"爱",所以效果大打折扣。

有一位女推销员,她费尽心思,好不容易电话预约到一位对她推销的产品感兴趣的大客户,然而却在与客户面对面交谈时遭遇难堪。

客户说:"我对你们的产品很感兴趣,能详细介绍一下吗?"

"我们的产品是一种高科技产品,非常适合你们这样的生产型企业使用。"女推销员简单地回答,看着客户。

"何以见得?"客户催促她说下去。

"因为我们公司的产品就是专门针对你们这些大型生产企业设计的。"女推销员的话犹如没说。

"我的时间很宝贵的,请你直入主题,告诉我你们产品的详细规格、性能、各种参数、有什么区别于同类产品的优点,好吗?"客户显得很不耐烦。

"这……我……那个……我们这个产品吧……"女推销员变得语无伦次,很明显,她并没有准备好这次面谈,对这个产品也非常生疏。

"对不起,我想你还是把自己的产品了解清楚了再向我推销吧。再见。"客户拂袖而去,一单生意就这样化为泡影。

该推销员没有对产品倾注自己的热情,于是造成不了解产品一问三不知的状况，自然无法在客户心中建立信任。

而当一个推销员热爱自己的产品，坚信它是世界上质量最好的商品时，这种信念，将使他在整个推销过程中充满活力和热情，于是他敢于竭力劝说客户，从而在销售中无往而不利。

乔·吉拉德被人们称为"汽车大王"，一方面是因为他推销的汽车是最多的，另一方面则是因为他对汽车相关知识的详细了解。乔·吉拉德认为，推销员在出门前，应该先充实自己，多阅读资料，并参考相关信息，做一位产品专家，才能赢得顾客的信任。比如你推销的是汽车，你不能只说这个型号的汽车可真是好货；你还最好能在顾客问起时说出这种汽车发动机的优势在哪里，这种汽车的油耗情况和这种汽车的维修、保养费用，以及和同类车相比它的优势是什么，等等。

乔·吉拉德根据自己的实践经验告诉我们：一定要熟知你所推销的产品的相关知识，才能对你自己的销售工作产生热忱。因此，要激发高度的销售热情，你一定要变成自己产品忠实的拥护者。如果你用过产品而感到满意的话，自然会有高度的销售热情。推销人员若本身并不相信自己的产品，只会给人一种隔靴搔痒的感受，想打动客户的心就很难了。

作为一个优秀的推销员，一定要爱上自己的产品，这是一种积极的心理倾向和态度倾向，能够激发人的热情，产生积极的行动。这样，你才能充满自信，自豪地向客户介绍产品，而当客户对这些产品提出意见时，你也能找出充分的理由说服顾客，从而打动客户的心。不然，你都不能说服自己接受，又怎能说服别人接受你的产品呢？

推销人员要相信并喜爱自己的产品，就应逐步培养对公司产品的兴趣。推销人员不可能一下子对企业的产品感兴趣，因为兴趣不是与生俱来的，是后天培养起来的，作为一种职业要求和实现推销目标的需要，推销人员应当自觉地、有意识地逐步培养自己对本企业产品的兴趣，力求对所推销的产品做到喜爱和相信。

乔·吉拉德说："我们推销的产品就像武器，如果武器不好使，还没开始我们就已经输了一部分了。"因此，为了赢得这场"战役"，我们要像对待知心爱人那样了解我们的产品、相信我们的产品，努力提高产品的质量，认真塑造产品的形象，这样，我们的推销之路一定会顺利很多。

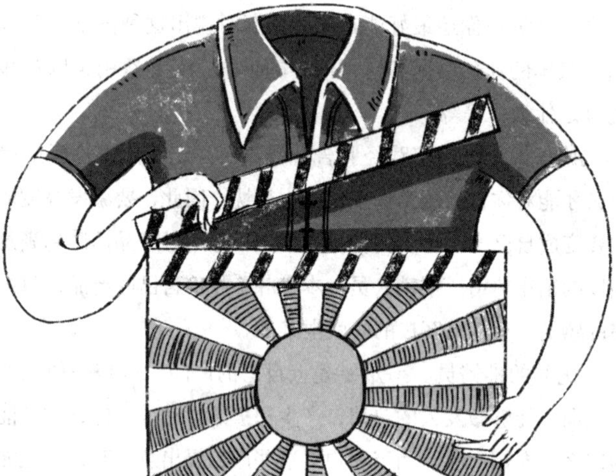

第三篇

成就总统的读书计划卷

PART 01
《自立》
——不做命运的顺民

《自立》是爱默生的经典名著。奥巴马说："除了《圣经》之外，这是对我影响最大的一本书。"

活过一回，我们当然要留下自己的痕迹，体现出自己的价值。可是，如果这样，我们又该怎样做呢？《自立》一书将告诉你答案。

站在对方的立场上传递温暖

在美国的一次经济大萧条中，90%的中小企业倒闭了，一个名叫丹娜的女人开的齿轮厂的订单也是一落千丈。丹娜为人宽厚善良、慷慨体贴，交了许多朋友，并与客户都保持着良好的关系。在这举步维艰的时刻，丹娜想要找那些朋友、老客户出出主意、帮帮忙，于是就写了很多信。可是，等信写好后她才发现：自己连买邮票的钱都没有了！

这同时也提醒了丹娜：自己没钱买邮票，别人的日子也好不到哪里去，怎么会舍得花钱买邮票给自己回信呢？可如果没有回信，谁又能帮助自己呢？

于是，丹娜把家里能卖的东西都卖了，用一部分钱买了一大堆邮票，开始向外寄信，还在每封信里附上两美元，作为回信的邮票钱，希望大家给予指导。她的朋友和客户收到信后都大吃一惊，因为两美元远远超过了一张邮票的价钱。每个人都被感动了，他们回想起丹娜平日的种种好处和善举。

不久，丹娜就收到了订单，还有朋友来信说想要给她投资，一起做点什么。丹娜的生意很快有了起色。在这次经济萧条中，她是为数不多的站住脚而且有所成的企业家。

时常有些人抱怨自己不被他人理解，其实，换个角度想，可能别人也有同样的感受。当我们希望获得他人的理解，想到"他怎么就不能站在我的角度想一想呢"时，我们也可以尝试自己先主动站在对方的角度思考，也许会得到一种意想不到的答案，许多矛盾、误会等也会迎刃而解。

沟通大师吉拉德说："当你认为别人的感受和你自己的一样重要时，才会出现融洽的气氛。"我们需要多从他人的角度考虑问题，如果对方觉得自己受到重视和赞赏，就会报以合作的态度。如果我们只强调自己的感受，别人就会和你对抗。

换个角度替对方多思考一下，关系立刻就会变得缓和。生活中，请让我们相信，每一个有坏处的人都有他值得同情和原谅的地方。一个人的过错，常常不是他一个人造成的，对这些人多一些体谅吧，从对方的角度出发，你的宽容就可以温暖一颗失落的心，他们也会把温暖传递给他人。

别因为个性而伤害到自己

在NBA的历史中，曾有一位特别的球星罗德曼，他的职业生涯虽然曾经辉煌，却被自己的个性所毁掉。在他的职业生涯中，先后效力过5支球队——底特律活塞队、圣安东尼奥马刺队、芝加哥公牛队、洛杉矶湖人队和达拉斯小牛队。除了在湖人队和小牛队罗德曼是混饭吃之外，在前三支球队，罗德曼都是有足够的能力不辱使命。

1986～1993年，罗德曼在底特律活塞队度过了7个赛季：在兰比尔等人的教导下，他虽然打球手段不够光明，并且让自己获得了"坏孩子"的称号，但他确实在尽最大的能力为球队做贡献。"……我对当年的底特律活塞队还是抱着特别的感情，我们拥有一切。对我而言，那支队伍相当特别，因为那是我崛起的地方，也是我学习如何参与比赛的地方。"罗德曼曾这样感慨地回忆道。所以，底特律活塞队时期的罗德曼，是球队团结稳定、积极向上的一个因素。然而，当1993年罗德曼效力马刺队的时候，事情便发生了改变：他的特立独行、唯我独尊让马刺队吃尽了苦头。

他把三种人看成自己的敌人：首先是戴维·斯特恩——NBA的总裁。因为斯特恩要维护NBA的形象，不允许罗德曼为所欲为，对罗德曼的很多行为都会给予处罚。这让罗德曼很不适应，他认为斯特恩干涉了自己的自由，所以他要和斯特恩对着干。第二种人是马刺队当时的主教练希尔以及球队总经理波波维奇。因为，他们希望驯服罗德曼，使罗德曼听从指挥，在球场上发挥更大的作用。但当时的罗德曼已经获得了两个总冠军，自视极高，他甚至希望教练听从他的指挥，这种矛盾便不可调和了。第三种人是戴维·罗宾逊等球员。罗宾逊是马刺队的绝对核心和精神领袖，工资比罗德曼高很多。但罗德曼认为罗宾逊是高薪低能，在关键比赛中总会"脱线"，而自己这种能"左右"比赛胜负的选手却不受重用，挣的钱与实力不成正比。但事实却是，罗德曼无论在活塞队还是在马刺队，即使在公牛队，他挣的钱都不与他的名声成正比。

由于这种个性，罗德曼成为球队中的不稳定分子，或者说是一个破坏者。在1994～1995赛季季后赛的第二轮比赛中，马刺队对阵湖人队。第三场比赛中，罗德曼在第二节被换下场，当时他很不满，在场边脱掉球鞋，躺在记者席旁边的球场底线前……暂停的时候，罗德曼也不站起来，不到教练面前听讲战术……后来，马刺队输掉了那场比赛。当时，摄像机一直对着罗德曼，播出后，马刺队的管理层大为光火，结合罗德曼平时的所作所为，他们认为罗德曼已经影响了球队的团结，于是决定对罗德曼禁赛。没有了罗德曼的马刺队，队员团结一致，在后来的比赛中打败了湖人，报了一箭之仇。

从结果来看，马刺队对罗德曼禁赛的决策是正确的。罗德曼用个性的刺使自己和团队隔离，结果造成自己的球队输掉了比赛。归根结底，这种所谓的个性其实是一种自私的"自我中心"。

在现实生活中，以自我为中心的人并不少见。例如，有的人在宿舍里随心所欲，自己想听音乐就大声播放，不管他人是在休息还是在学习，而自己想睡觉时又要求别人别弄出声响；有的人对别人的东西一点也不爱惜，而对自己的东西十分珍惜，很少借给别人……

这些人想问题和做事情都从"我"字出发，希望别人都围着他转，"只许自己放火，不准别人点灯"，不能设身处地站在别人的立场上考虑问题。这种心态和行为会严重阻碍与别人的顺畅交往，不可能赢得他人的好感和信任，也会影响到自身的发展，最终给自己带来严重的伤害。

坐在舒适软垫上的人容易睡去

有个渔人有着一流的捕鱼技术，被人们尊称为"渔王"。然而"渔王"年老的时候非常苦恼，因为他的三个儿子的渔技都很平庸。

于是他经常向人诉说心中的苦恼："我真不明白，我捕鱼的技术这么好，儿子们的技术为什么这么差？我从他们懂事起就传授捕鱼技术给他们，从最基本的东西教起，告诉他们怎样织网最容易捕捉到鱼，怎样划船最不会惊动鱼，怎样下网最容易请鱼入瓮。他们长大了，我又教他们怎样识潮汐、辨鱼汛……凡是我长年辛辛苦苦总结出来的经验，我都毫无保留地传授给了他们，可他们的捕鱼技术竟然赶不上技术比我差的渔民的儿子！"

一位路人听了他的诉说后，问："你一直手把手地教他们吗？"

"是的，为了让他们得到一流的捕鱼技术，我教得很仔细、很耐心。"

"他们一直跟随着你吗？"

"是的，为了让他们少走弯路，我一直让他们跟着我学。"

路人说："这样说来，就难怪了。你要知道，坐在舒适软垫上的人容易睡去。你的儿子以为什么事情都可以从你那里学到，就很少自己去摸索经验。遇到困难，他们不是自己想办法去克服，而是希望在你的翅膀底下寻找庇护。自己不经过努力、不经历挫折，即使你传授给他们再多的经验，他们也不会真正成长起来。"

没错，不经历风雨，就见不到彩虹。孩子是在摔倒了无数次之后才学会走路的，伟人的发明创造更是经历了无数次失败之后才成功的。可口可乐董事长罗伯特·高兹耶达说："过去是迈向未来的踏脚石，若不知道踏脚石在何处，必然会被绊倒。"教训和失败是人生历练不可缺少的财富，只有经历过，才能从中学到更多的东西，领悟到更多的道理。从别人口中传来的经验，从书本里总结的教训，都不能切实地应用于我们自己的生活中，只有自己经历了，并且投入思考，将问题解决了，才能在前行的道路中感受到自己的成长，才能逐渐地丰满自己的羽翼。

可是，很多人都希望躲在别人的翅膀之下，遭遇挫折时也希望有人能给他遮风挡雨，这样的思想是错误的。人生难免风雨，四季难免严冬。别人不可能始终陪在你的身边，所以生活中的任何问题都应该自己去面对。特别是苦难，只有凭借自己的力量战胜它，你才能从中总结经验教训。只有吸取了经验教训，才能避免在以后的人生中犯类似的错误。也只有积累了足够的经验，我们才能在日后熟能生巧，做事情信手拈来。

不做命运的顺民

1940年6月23日，在美国一个贫困的铁路工人家庭，一位黑人妇女生下了她一生中的第二十个孩子，这是个女孩，取名威尔玛·鲁道夫。众多的孩子让这个贫困的家庭更加捉襟见肘，连怀孕的母亲也常常饿肚子。孕妇营养不良使得威尔玛早产，这就注定了威尔玛的先天性发育不良。

4岁那年，威尔玛不幸同时患上了双侧肺炎和猩红热。在那个年

代，肺炎和猩红热都是致命的疾病。母亲每天抱着小威尔玛到处求医，医生们都摇头说难治，她以为这个孩子保不住了。然而，这个瘦小的孩子居然挺了过来。威尔玛勉强捡回来一条命，她的左腿却因此残疾了，因为猩红热引发了小儿麻痹症。从此，幼小的威尔玛不得不靠拐杖来行走。看到邻居家的孩子追逐奔跑时，威尔玛的心中蒙上了一团阴影，她沮丧极了。

在她生命中那段灰暗的日子里，经历了太多苦难的母亲不断地鼓励她，希望她相信自己并能超越自己。虽然有一大堆孩子，母亲还是把许多心血倾注在这个不幸的小女儿身上。母亲的鼓励给了威尔玛希望的阳光，威尔玛曾经对母亲说："我的心中有个梦，不知道能不能实现。"母亲问威尔玛的梦想是什么。威尔玛坚定地说，"我想比邻居家的孩子跑得还快！"

母亲虽然一直不断地鼓励她，可此时还是忍不住哭了，她知道孩子的这个梦想将永远难以实现，除非奇迹出现。

但是坚强的母亲并没有因此而放弃希望，她从朋友那里打听到一种治疗小儿麻痹症的简易方法，那就是泡热水和按摩。母亲每天坚持为威尔玛按摩，并号召家里的人一有空就为威尔玛按摩。母亲还不断地打听治疗小儿麻痹症的偏方，买来各种各样的草药为威尔玛涂抹。奇迹终于出现了！威尔玛9岁那年的一天，她扔掉拐杖站了起来。母亲一把抱住自己的孩子，泪如雨下。4年的辛苦和期盼终于有了回报！

13岁那年，威尔玛决定参加中学举办的短跑比赛。学校的老师和同学都知道她曾经得过小儿麻痹症，直到此时腿脚还不是很利索，便都好心地劝她放弃比赛。威尔玛执意要参加比赛，老师只好通知她母亲，希望母亲能好好劝劝她。然而，母亲却说："她的腿已经好了，让她参加吧，我相信她能超越自己。"事实证明母亲的话是正确的。

比赛那天，母亲也到学校为威尔玛加油。威尔玛靠着惊人的毅力一举夺得100米和200米短跑的冠军，震惊了校园，老师和同学们也对她刮目相看。从此，威尔玛爱上了短跑运动，想办法参加一切短跑比赛，并总能获得不错的名次。同学们不知道威尔玛曾经不太灵便的腿为什么一下子变得那么神奇，只有母亲知道女儿成功背后的艰辛。坚强而倔强的女儿为了实现比邻居家的孩子跑得还快的梦想，每天早上坚持练习短跑，直练到小腿发胀、酸痛为止。

在1956年奥运会上，16岁的威尔玛参加了4*100米的短跑接力赛，并和队友一起获得了铜牌。1960年，威尔玛在美国田径锦标赛上以22秒9的成绩创造了200米的世界纪录。在当年举行的罗马奥运会上，威尔玛迎来了她体育生涯中辉煌的巅峰。她参加了100米、200米和4*100米接力比赛，每场必胜，接连获得了3块奥运金牌。

从威尔玛的身上，我们看到了命运并不是不可改变的。经历了先天的不幸，不要以为命运从此就不能挽回了，更不要对自己失去信心，乖乖地忍受着命运的摧残。要知道，谁要做人，都不能做一个顺民，顽强的生命会向命运宣战，尽力去改变自己的命运，而不是在抱怨中放弃自己。

真正顽强的生命从来不会屈服，而会用自己的努力来战胜一切。只有我们勇敢地与命运抗衡，我们才能真正体味到生命的甘甜，获得人生的幸福。

你不可能让所有人满意

哲人们常把人生比作路，是路，就注定有崎岖不平。

1929年，美国芝加哥发生了一件震动全国教育界的大事。

几年前，一个年轻人罗勃·郝金斯，半工半读地从耶鲁大学毕业，做过作家、伐木工人、家庭教师和卖成衣的售货员。只经过了8年，他就被任命为全美国第四大名校——芝加哥大学的校长。他只有30岁！真叫人难以置信。

人们对他的批评就像山崩落石一样一齐打在这位"神童"的头上，说他这样，说他那样——太年轻了，经验不够，说他的教育观念很不成熟，甚至各大报纸也参加了攻击。

在罗勃·郝金斯就任的那一天，有一个朋友对他的父亲说："今天早上，我看见报上的社论攻击你的儿子，真把我吓坏了。"

"不错，"郝金斯的父亲回答说，"话都说得很凶。可是请记住，从来没有人会踢一只死狗。"

确实如此，越勇猛的狗，人们踢起来就越有成就感。

曾有一个美国人，被人骂作"伪君子""骗子""比谋杀犯好不了多少"……你猜是谁？一幅刊在报纸上的漫画把他画成伏在断头台上，一把大刀正要切下他的脑袋，街上的人群都在嘘他。他是谁？他是乔治·华盛顿。

耶鲁大学的前校长德怀特曾说："如果此人当选美国总统，我们的国家将会合法卖淫、行为可鄙、是非不分，不再敬天爱人。"听起来这似乎是在骂希特勒吧？可是他谩骂的对象竟是杰弗逊总统，就是撰写《独立宣言》，被赞美为民主先驱的杰弗逊总统。

可见，没有谁的路永远是一马平川的。为他人所左右而失去自己方向的人，他将无法抵达属于自己的幸福所在。

真正成功的人生，不在于成就的大小，而在于是否努力地去实现自我，走出属于自己的道路。

"横看成岭侧成峰，远近高低各不同。"凡事绝难有统一定论，我们不可能让所有的人都对我们满意，所以可以拿他们的"意见"作为参考，却不可以代替自己的主见。不要被他人的论断束缚了自己前进的步伐，追随你的热情、你的心灵，它们将带你实现梦想。

PART 02
《管道的力量》
——发掘不息的成功之源

罗纳德·里根曾说过这样一段话：我们经历了大工业时代和大公司时代。但是，我相信，现在是一个创业的时代。所以，我们更需要"管道"的精神。

《管道的力量》是将贝克·哈吉斯的写作事业推向顶峰的全新之作。这本书自从问世以后，就受到了社会各界的关注。美国前总统里根曾经大力推荐这本书，他说，当你读了《管道的力量》以后，你就会发现，只有管道才能帮你创造财富，可是生活中有太多的人都选择了"提桶"。

发掘市场"蓝海区"

20世纪80年代以来，"红海战略"成为商业的主流。"红海"代表已知的市场空间，在红海中，每个产业的界限已经被划定并为人们所接受，竞争规则也已为人们所知。企业试图在这样一个环境中击败对手，夺取更大的市场份额，但随着市场空间越来越拥挤，利润和增长的前途也就越来越暗淡。

2005年，哈佛商学院出版社出版了W.钱·金（韩国）和勒尼·莫博涅（美国）合著的《蓝海战略》。很快，这本书就席卷全球，成为出版商、民众、企业家和学者们竞相讨论和追逐的对象。与红海相对，蓝海代表着待开发的市场空间，代表着创造新需求，代表着高利润增长的机会，也就是说，蓝海是未知的市场空间。

当前竞争日趋白热化，许多公司都在削价竞争，形成一片"血腥"的红海。在这种情况下，如果想在竞争中求胜，唯一的办法就是不能只顾着打败对手，而是要在红海当中拓展现有产业的边界，开发出蓝海，寻找冷门，形成没有人竞争的全新市场，这才是最有效的策略。

二战结束后，美日的航线主要被美国航空公司控制，对于日航来说，要想发展自己的业务，非常艰难。为了改变生意清淡的状况，日航高薪聘请美国飞行员，购置一流的飞机，严保飞行安全和设施的先进，但由于竞争对手也采取了同样的措施，所以日航在竞争中仍处于劣势。如何改变这种现状呢？日航决定以改善服务为突破口：世界各大航空公司的服务都大同小异，如精美的食物、和颜悦色的空姐、彬彬有礼的服务……但如果日航能够在飞机上展现日本的传统文化，不就能吸引好奇的西方乘客了吗？于是，日航经过精心设计，让空姐身穿各种款式的和服，在飞机上向顾客展示日本的茶道；在送餐时以日本女性特有的温柔指导顾客怎样用筷子；为顾客服务时以日式鞠躬表示礼貌……这种种充满了浓郁日本风情的服务方式，果然引起了西方游客对日本文化的浓厚兴趣，一些原本不打算去日本旅游的西方人，也纷纷乘坐日航的班机前往日本观光。日航通过改善服务，不与竞争对手拼硬件而赢得了市场。

日航和其他航空公司相比，既没有硬件上的优势，也没有资金上的长处，它如何在竞争中获胜呢？显然，它没有和竞争对手进行正面竞争，而是挖掘自身的优势，把握自身的长处，以改善服务为突破口，从而改变了自己在竞争中的弱势局面。日航这种主动开拓市场空白，不与竞争者竞争的企业经营思维就是蓝海思维。

可见，企业要开拓蓝海商机，就要不与对手竞争，而要避实击虚，重新发现市场，重新界定市场。而这点同样适用于个人。

有准备，才有成功的机会

机遇不是随便就能获得的，有准备的人，才有可能与之碰面。

阿尔伯特·哈伯德生在一个富足的家庭，但他还是想创立自己的事业，因此他很早就开始了有意识的准备。他明白像他这样的年轻人，最缺乏的是知识和必备的经验。因而，他有选择地学习一些相关的专业知识，充分利用时间，甚至在他外出工作时，也会带上一本书，在等候电车时一边看一边背诵。他一直保持着这个习惯，这使他受益匪浅。后来，他有机会进入哈佛大学，开始了一些系统理论课程的学习。

阿尔伯特·哈伯德对欧洲市场进行了一番详细的考察，随后，他开始积极筹备自己的出版社。他请教了专门的咨询公司，调查了出版市场，从从事出版行业的普兰特先生那里得到了许多积极的建议。这样，一家新的出版社——罗依科罗斯特出版社诞生了。

由于事先的准备工作做得充分，出版社经营得十分出色。阿尔伯特·哈伯德不断将自己的体验和见闻整理成书出版，名誉与金钱相继滚滚而来。

阿尔伯特并没有就此满足，他敏锐地观察到，他所在的纽约州东奥罗拉，当时已经渐渐成为人们度假旅游的最佳选择之一，但这里的旅馆业却非常不发达。这是一个很好的商机，阿尔伯特没有放弃这个机会。他抽出时间亲自在市中心周围进行了两个月的调查，了解市场的行情，考察周围的环境和交通。他甚至亲自入住一家当地经营得非常出色的旅馆，去研究其经营的独到之处。后来，他成功地从别人手中接手了一家旅馆，并对其进行了彻底的改造和装潢。

在旅馆装修时，他根据自己的调查，接触了许多游客。他了解到游客们的喜好、收入水平、消费观念，更注意到这些游客是由于厌倦繁忙的工作，才在假期来这里放松的，他们需要更简单的生活。因此，他让工人制作了一种简单的直线型家具。这个创意一经推出，很快受到人们的关注，游客们非常喜欢这种家具。他再一次抓住了这个机遇，一个家具制造厂诞生了。家具公司蒸蒸日上，也证明了他准备工作的成效。同时他的出版社还出版了《菲利士人》和《兄弟》两份月刊，其影响力在《致加西亚的信》一书出版后达到顶峰。

阿尔伯特深深地体会到，准备是一切工作的前提，是执行力的基础。因此，他不但自己在做任何决策前都认真准备，还把这种意识灌输给他的员工。不久之后，"你准备好了吗"已经成为他们公司全体员工的口头禅，成功地形成了"准备第一"的企业文化。在这样的文化氛围中，公司的执行力得到了极大的提升，工作效率自然显而易见。

同样，如果我们想获得成功的机会，也应当像阿尔伯特·哈伯德一样，在行动之前做好充分的准备。只有准备充分才能保证工作得以完美完成。

把自己当成一家公司去经营

经营一家公司，最重要的就是经营这家公司的品牌。可能产品都相差无几，但是消费者看重的是企业的整体形象，因为品牌商品有品质保障。作为个人，我们也要把自己当作一家公司来经营，打造出属于自己的个人品牌。通常情况下，你的名字就是你的个人品牌，你的名字就代表着你的工作能力，你的名字也就成了你的工作能力的象征。

要打造个人品牌，你就要时时保持你的竞争力。往往，你的个人品牌也代表着你的道德观、作风、形象、责任，好的品牌之所以强势，就是因为它结合了"正确的特性""吸引人的性格"，及随之而来的与消费者的"良好互动关系"。"个人品牌"必须有"正确的特性""吸引人的性格"，只有这样，才会美名远扬，为自己创造更多的机会！

如何才能打造自己的个人品牌呢？

1.不断提升自己的专业能力

拥有专业能力，就是知识丰

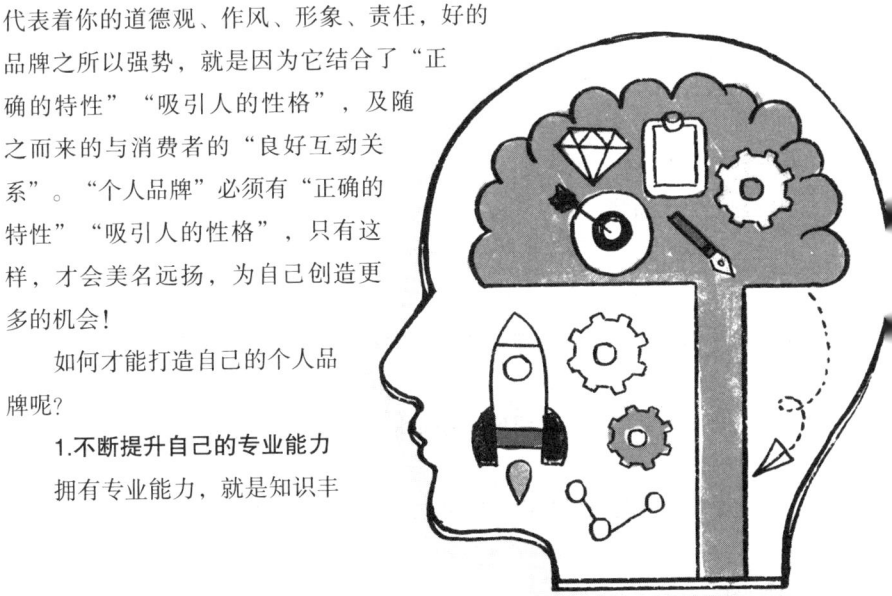

富并且执行力强,可以帮企业解决问题。"拥有专业能力"是一种绝佳的个人品牌,是一种内涵的呈现。由于不断地有新知识及新技术的推出,为了避免过时,必须不断地增进专业能力,这是打造个人品牌首先要注意的!

2.拥有谦虚的态度

无论什么时候,谦虚的人都会受欢迎的。如果你能力有限,谦虚会让人感觉你诚实上进,如果你工作能力很强,谦虚会让人感觉你综合素质很高。

3.维持学习力及学习心

学习力及学习心是不老的象征,也是延续个人品牌的手段。一个不断学习的人内在是丰富的,也会更容易拥有自信心及保持谦虚的态度。学习会让你时时刻刻感觉在进步。学习会让你找到自身的不足,从而改正陋习。

4.强化沟通能力

沟通能力包括"倾听能力"及"表达能力"。个人品牌必须透过沟通传达出去。你必须要有能力在大众面前清楚地表达,透过文字传达思想,也要学习站在他人的角度看事情,尝试以对方听得懂的语言沟通,为了达到这个目的,倾听是必要的!

5.亲和力

亲和力是一种甜美的气质,让人在不知不觉中被你吸引。亲和力也是一种柔软的积极性,是透过"与人亲善"的特质发挥更多的影响力。

6.外表

外表是很重要的!当别人还没有机会了解你的内涵,就会从你的外表来判断你的好坏。学习让你看起来清清爽爽、专业、诚恳,以整洁利落来表达你充沛的精力及良好的态度,是职场中的每一个人都必备的能力。

建立个人品牌,可以从自己的强项开始。每个人都有自己独特的能力,从自己独特的能力开始,是最容易建立个人品牌的方法。

玛利亚是一家饮料公司的业务主管,因为她平易近人,说话随和,客户都喜欢和她交谈。每逢碰到同事和客户谈崩的时候,她就会出动。只要她一去,什么冰山都会融化成一江春水。她个人品牌的重点就是"化解矛盾的专家"。每个人都应及早找到自己的强项,尽量发挥,这是快速脱颖而出的秘诀!

这是个自我行销的时代,你的表现是你的"最佳简历"。我们必须做到处处塑造我们的个人品牌，让每个见过你的人都能记住你，那样，成功就离你不远了。

你是在"提桶"还是在"建造管道"

每次开关于财富的会议，我都会给大家讲这个管道的故事：

很久以前，有两个名叫波波罗和布鲁诺的年轻人，他们是好朋友。他们渴望有一天能够成为村里最富有的人。他们都很聪明而且很勤奋，他们认为自己需要的只是机会。

在他们的期盼之下，机会终于来了。村里决定雇两个人把附近河里的水运到村广场的水缸里去，这份工作交给了这两个年轻人。他们抓起两个水桶奔向河边，一天结束后，他们把村子里的水缸都装满了。村长按每桶一分钱支付给他们酬劳。

"我们的运气真不错，这是一个不错的工作，不是吗？"布鲁诺满足地大叫。但是波波罗不同意他的看法，他害怕整天都拿着一个木桶提水，那会让他起满手的大泡。所以他发誓要找一个更好的办法，让河里的水流到村子里去。

"我有一个计划，咱们需要挖一个管道。"波波罗说，"这样咱们就不用一桶一桶地提水了。"

"多傻啊，我的朋友，那需要很长时间的。咱们这样提水，一周就可以买一双新的鞋子，一个月就可以买驴子，六个月就可以盖新房。日子会过得越来越好，没必要在那些无聊的事情上大费周折。"布鲁诺这样回答。

尽管跟好朋友的想法达不成一致，可是波波罗并没有放弃，而是开始了自己的行动。他每天白天提水，晚上挖管道。他的工作是根据提水的量来计算的，所以开始的时候，他每天都赚不到多少钱。可是他的朋友，却能提很多水，赚到很多的钱。

转眼，一年过去了。波波罗的管道刚挖到一半，可是布鲁诺已经买了驴子，拴在他新盖的两层小楼的前面。他穿着漂亮的衣服，在酒吧里喝着酒。人们都对这个富裕的年轻人羡慕不已。

布鲁诺整天用力地运水，渐渐地，后背弯了，脚步也慢了。他开始对生活失去了激情，提水的时间远远少于在酒吧里喝闷酒的时间。可是这时，波波罗的管道建成了。水从管道里源源不断地涌入村子里，不管是他睡觉还是在别处游玩，都不会影响他的工作。他口袋里的钱越来越多了。人们把波波罗称为"管道人"，认为他创造了一个奇迹。

波波罗的管道，让布鲁诺失去了工作。波波罗找到了这个昔日的好朋友，要他和自己一起建造管道。

"别挖苦我了。"布鲁诺对于波波罗的做法感到反感。

"我不是来跟你炫耀的。"波波罗解释说，"在我挖管道的过程中，我学会了很多的经验，但是凭借我一个人的力量，根本不可能挖掘更多的管道。所以，我希望把我的经验传授给你，我们一起挖掘更多的管道，包括别的村子的，甚至是全世界的。"

布鲁诺很赞成他的想法。于是，他们两个人一起，发展了更多的管道，也赚取了更多的财富。有时间的时候，他们也会跟别的年轻人讲述自己建造管道的故事，可是很多人仍然不能够理解他们。

"我没有足够的时间。"

"我的朋友也想建造一条管道，可是他失败了。我不能明知道会失败，还要去浪费自己的时间。"

"也许提桶比建造管道来得容易，何必要冒险呢？"

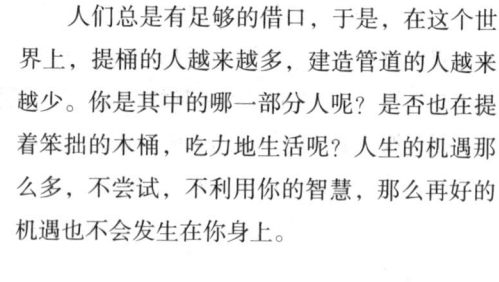

……

人们总是有足够的借口，于是，在这个世界上，提桶的人越来越多，建造管道的人越来越少。你是其中的哪一部分人呢？是否也在提着笨拙的木桶，吃力地生活呢？人生的机遇那么多，不尝试，不利用你的智慧，那么再好的机遇也不会发生在你身上。

成为百万富翁不是一种机会，而是一个选择

好吧，如果你已经接受了既定的事实，认为你的人生已经没有更多的机会可言，那么我们来看看你对收入的选择：

选择一：你有一份稳定的工作和固定的收入。每天的生活很规律，没有过多的陷阱，不需要冒险，可是你不会有更多的机遇。你被你的工作限定住了，你不可能会有更多更好的选择，因为一旦你偏离了自己的轨道，那么这份让你为之自豪的工作，就可能保不住了。我能够说明的是，你的生活还不错，最起码要比那些找不到工作而到处流浪的人强很多。

选择二：创业。很多人厌倦了给别人打工而幻想寻找到一种新的刺激，也有人是带着自己的梦想投入到创业中来的。不可否认，这是一件十分危险的事情，因为你不知道在哪里会遇到陷阱，也不知道什么时候会赔个血本无归。但是，如果获利，你也可能跻身于富翁的行列。

几年前，戴安娜因为找不到理想的工作，而且手中的资金又十分有限，就打算自己做生意。白手起家对人生地不熟的戴安娜而言太困难，于是有人建议她购买现成的生意。

按那时的行情来看，如果想买一家每周营业额在5000美元左右的街角便利店，需要3万~4万美元。可是当时戴安娜手中只有1万美元，这点钱只够她找一家现时生意不好但有发展潜质的店。

不久，她便如愿以偿。戴安娜的眼光很独到，觉得一个小生意是否有发展潜质，关键是看其生意不好是否因经营不善所致。有些便利店因为附近有太强的对手，所以营业额无法上去。而有些店则是因为品种不对路或者太陈旧，或者店面太脏、太乱，造成生意不好，这几类店就有做好生意的潜力。另外，有些店处于正在发展中的地区，比如说周围正在造新的住宅群等，这也是将来生意额可能增加的因素。

经营了一年半以后，戴安娜便将她的街角便利店出售了。当年她买进这家店时，每周的营业额只有1000多美元，而经过经营整顿之后，卖出时每周的营业额已上升至3500美元左右，结果以4万美元（不计存货

价)卖出。在一年半的时间内,戴安娜赚了3万多美元,且在这一年半中,她每月还有一定的营业收入。

此事给戴安娜很大的启发,她觉得倒腾生意显然比自己经营小生意赚钱容易得多。接着她又以3万美元买进一家同样性质的便利店,两年后以6万美元卖出。期间她还用1万美元在一个新开发的地区开了一家街角便利店,一年多后又以4万美元卖出。在短短的8年中,她共转手6家便利店,所取得的利润很可观。

戴安娜的经历告诉我们,创业,往往有很大的发展空间,如果眼光准确,你很可能从中获得很大程度的提升,也可能积累很多的财富。不过,虽然做生意很容易积累财富,可是如果不谨慎,也会存在一定的风险。那么我们如果不喜欢创业,是否还有其他的选择呢?

选择三:你可以做自由撰稿人或者自由职业者。这样的工作很自由,发展空间也大,可是你要具备相应的才华。

选择四:融合。自己有一份稳定的工作,将一部分积蓄拿出来与人合资做生意,可是这样会很累,赚钱的空间也有限。

可能还有更多的选择,可是每一种选择都有利有弊,关键是我们要去做。

有时候,我们羡慕别人的成功,可是别人也是一步一步走出来的。不是他的机会好,而是他懂得怎样在生活中做选择,并且怎样将自己的选择做到最好。生活同样给了我们这些选择题,那么想跻身于百万富翁行列的你,想好怎样做选择了吗?

PART 03
《一生的资本》
——智慧温暖人生

美国第25任总统麦金莱说:"《一生的资本》对所有具有高尚和远大抱负的年轻读者都是一个巨大的鼓舞,我认为,没有任何东西比马登的书更值得推荐给每一个美国的年轻人。"

一无所有的年轻人靠什么致富?马登在《一生的资本》中告诉你答案,每个人都拥有获得财富的资本,认识到这些资本,并懂得如何运用这些资本将让你梦想成真,从一贫如洗的无名之辈变为拥有财富人生的社会名流。

不妨坐坐头等舱

看过《泰坦尼克号》的观众都为平民小伙杰克和贵族小姐露丝的爱情所感伤。杰克赢了船票,才得以登上泰坦尼克号与贵族小姐露丝相遇。生活中,你要遇到生命中的贵人,不去他们所在的头等舱,怎会有机会与他们相识呢?

有一个美国女人叫凯丽,她出生于贫穷的波兰难民家庭,在贫民区长大。她只上过6年学,只有小学文化程度,从小就干杂工,命运十分坎坷。但是,她13岁时,看了《全美名人传记大成》后突发奇想,要直接和许多名人交往。她的主要办法就是写信,每写一封信都要提出一两个让收信人感兴趣的具体问题。许多名人纷纷给她回信。再一个做法是,凡是有名人到她所在的城市来参加活动,她总要想办法与她所仰慕的名人见上一面,只说两三句话,不给人家更多的打扰。就这样,她认识了社会各界的许多名人。成年后,她经营自己的生意,因为认识很多名人,他们的光顾让她的店人气很旺。于是,凯丽自己也成了名人和富翁。

凯丽的做法和"搭乘头等舱"的做法是一个道理。她参加活动是为了结识名人,人们搭乘头等舱也是为了结识名流,而不是为了活动和旅行本身。

因为搭乘头等舱的乘客大多是政界人物、企业总裁、社会名流,他们身上存在许多重要的资源可供我们挖掘。搭乘头等舱就可以为自己搭建高品质、高价值的人脉关系网,因为这里出现贵人的频率要远远高于其他场所。

这样的例子并不少见,有的人在短短几个小时的飞行中就谈成几笔生意,或者结下难得的友谊,这在经济舱内的旅行团体中是很难碰到的。

在现代社会,越来越多的人懂得了这个道理。所以,读MBA的人可能不是为了充电,考托福的人也未必想出国,考司法的人不一定要当律师。许多人原本是为了一张证书而进入某个圈子,后来却变成了融入某个圈子,顺便拿张证书。证书对于他们来说,已经不是一张许可证,而更像是一张融入某个社交群体的准入证。

当然"搭乘头等舱"的意思并不狭义地指出入高级场所,也指到贵人出现频率最高的地方和最易接近贵人的方法。

"搭乘头等舱"的做法看起来很容易,但懂得这个道理的人未必都能做到,这就需要掌握一些相应的要领了。

(1)要舍得付出,不要计较一些"小账"和眼前利益。去乘头等舱,出入一流地方,当然需要比较大的花销,但这笔花销所带来的利益和好处是显而易见的。如果你总是舍不得手里的一些小钱,便等于将自己与贵人的圈子划清了界限,缩小了自己的交际范围。这样的人恐怕很难成就大事。

(2)要培养自己的风度和气质,成为一个举止优雅、文明大方的人,这样在一个较高层次的圈子里才能如鱼得水。要努力让自己融进这个圈子,而不是被圈子里的人嘲笑,被这个圈子排斥。试问,一个在餐桌上表现失态的人,怎么可能与一位上层社会的贵人相谈甚欢呢?

(3)不要表现得过于急功近利。无论你抱有什么样的目的,付出了多么大的代价,结交贵人都不是一天两天就可以大功告成的事。如果过于急切地表明自己的意图，做出谄媚的样子，那么你将失去贵人对你的好感和尊重，得不偿失。

人际关系是一种无形的资产

人际关系对于个人，无论在事业上、生活上抑或学业上皆起着决定性的影响。而人际关系最直接的体现就是你周围的朋友。忠实的朋友是人生的"良药"，实际上，朋友比良药还要好些。良药只用在已经生病的人身上；而友谊可使健康的人享受人生之乐——一种终生受用的乐趣。

人生没有友谊，就像菜里没有油水，可谓单调、枯燥。真正的友谊是一种心照不宣、互相信赖的关系，它的价值无法估计。假如你拥有众多的朋友，与朋友之间有着良好的人际关系，那么，你可以通过这些朋友的力量来解决难题。人，不可能拒绝朋友而独自过着闭门自守的生活。毕竟，这是一个群居的社会，个人的学识与力量是有限的，必须依靠他人的学识及力量才能解决困难，达到目标。有不少人并非很有才华，但他们拥有一个无形的资产——良好的人际关系，使他们在某一领域彰显出了自己的最大价值。

一个大学生毕业后第一次上班，父亲把他拉到身边，送给他一张"为人清单"，其中有这么几条：别让小争端损害了大友谊；偶尔邀请排队排在你后面的人站到你前面；永远别做第一个开门出去的人；接受任何指示时至少确认两遍；可以生气，但要适时适所，以适当方式向适当对象恰如其分地生气；别太在意你的权利以致忘了你的风度。

父亲的苦心，无非是希望他能有一个好人缘。因为在很多时候，做人确实比做事重要，一个人缘好、有声誉的人，凡事都可以轻而易举地办成。反过来，不少恃才傲物的人就可能怀才不遇。

好习惯为成功埋下了一粒种子

日常工作和生活中，如果你养成了好习惯，那就无异于为将来的成功埋下了一粒饱满的种子，一旦机会出现，这颗种子就会在我们的人生土壤中破土而出、茁壮成长，最终成长为一棵参天大树。如果你养成了轻视工作、不遵守时间、遇到挫折就想放弃的坏习惯，以及对生活敷衍了事、糊弄的态度，终其一生都将处于社会底层。

一天，一位睿智的教师与他年轻的学生一起在树林里散步。教师突然停了下来，仔细看着身边的4株植物：第一株植物是一棵刚刚冒出土的幼苗；第二株植物已经算得上挺拔的小树苗了，它的根牢牢地盘踞在肥沃的土壤中；第三株植物已经枝叶茂盛，差不多与年轻学生一样高大了；第四株植物是一棵巨大的橡树，年轻学生几乎看不到它的树冠。

老师指着第一株植物对他的年轻学生说："把它拔起来。"年轻学生用手指轻松地拔出了幼苗。

"现在，拔出第二株植物。"

年轻学生听从老师的吩咐，略加力量，便将树苗连根拔起。教师又让年轻学生拔第三株，尽管有些吃力，但最后，树木终于倒在了筋疲力尽的年轻学生的脚下。

"好的，"老教师接着说道，"去试一试那棵橡树吧。"

年轻学生抬头看了看眼前巨大的橡树，想到自己刚才拔那棵小得多的树木时已然筋疲力尽，所以他拒绝了教师的提议，甚至没有去做任何尝试。

"我的孩子，"老师叹了一口气说道，"你的举动恰恰告诉你，习惯对生活的影响是多么巨大啊！"

故事中的植物就好像我们的习惯一样，根基越雄厚，就越难以根除。的确，故事中的橡树是如此巨大，就像根深蒂固的习惯那样令人生畏，让人甚至惮于去尝试改变它。事实是，很多人不仅没有养成尽职尽责的好习惯，而且还放任了自己的思想和行为，终其一生碌碌无为。

所以，要想获得圆满的人生，就必须具备好的生活习惯，这里介绍以下四种：守时、精确、坚定和迅捷。因为在生活中，没有守时的习惯，你就会浪费很多时间，蹉跎岁月，虚度光阴；没有精确的习惯，你就会随心所欲，破坏自己的信誉；没有坚定的习惯，你就没办法把进行的事情坚持到最后一天；没有迅捷的习惯，原本可能促使你走向成功的良机，就会与你失之交臂，并且你再也不会与它相遇了。

人们常常受到习惯的影响。如果你迟到一次、两次，你不在意，那么次数多了，你反而对这种行为习以为常了；发现了机遇，却不去行动，等到错过了它的时候，再去追悔，一次两次，时间久了，就会变得麻木，即使机遇再次在你的眼前浮现，你也可能视而不见……坏习惯形成以后，再想去纠正自己，就很困难了，所以我们必须严格要求自己，养成好习惯。

人的意志是可以引导的，只要把思想集中在人性中高尚的一面，集中于可以让我们的灵魂得到升华的事物上，那么自制力就会因此发挥作用，坏习惯就会得到改正，好的习惯也会因此形成。

我们要永远生活在新生活当中

下面的这个故事,是我在无意之中听人说起的:1937年她丈夫死了,她觉得非常颓丧,而且几乎一文不名。她写信给她以前的老板李奥罗区先生,想回去做她以前的老工作。她以前靠推销世界百科全书过活。两年前她丈夫生病的时候,她把汽车卖了。于是她勉强凑足钱,分期付款才买了一部旧车,又开始出去卖书。

她原想,再回去做事或许可以帮她解脱困境。可是要一个人驾车,一个人吃饭,几乎令她无法忍受。有些区域简直就做不出什么成绩来,虽然分期付款买车的数目不大,却很难付清。

1938年的春天,她来到密苏里州的维沙里市,见那儿的学校都很穷,路很坏,很难找到客户。她一个人孤独又沮丧,有一次甚至想要自杀。她觉得成功是不可能的,活着也没有什么希望。每天早上她都很怕起床面对生活。她什么都怕,怕付不出分期付款的车钱,怕付不出房租,怕没有足够的东西吃,怕她的健康情形变坏而没有钱看医生。让她没有自杀的唯一理由是,她担心她的姐姐会因此而觉得很难过,而且她姐姐也没有足够的钱来支付自己的丧葬费用。

有一天,她读到一篇文章,使她从消沉中振作起来,使她有勇气继续活下去。她永远感激那篇文章里那一句很令人振奋的话:"对一个聪明人来说,太阳每天都是新的。"她用打字机把这句话打下来,贴在她的车子前面的挡风玻璃上,这样,在她开车的时候,每一分钟都能看见这句话。她发现每次只活一天并不困难,她学会忘记过去,不想未来,每天早上都对自己说:"今天又是一个新的开始。"

她成功地克服了对孤寂的恐惧和她对金钱的恐惧。她现在很快

活,也还算成功,并对生命抱着热忱和爱。她现在知道,不论在生活上碰到什么事情,都不要害怕;她现在知道,不必怕未来;她现在知道,"对一个聪明人来说,太阳每天都是新的"。

从这个故事当中,我们可以看出:只要我们每天都给自己一点希望,让自己看到最光明的一面,那么我们每一天的生活都是崭新的。可是,生活中有太多的人并不能做到这一点。就像一些退休的老人,他们从工作岗位上离开的时候,就开始变得消沉、悲观,以为自己一点用处都没有了。

那么,我建议这些人,最好不要重视"退休"这个词,而是要强调"重新调整"。退休代表着一种结束,而重新调整则代表着另一种开始。我们结束了一种工作,却可以开始新的生活,投入到新的需要当中。

只要你不想结束,一切就不可能结束。就如同一位中国老人说的那样,人们认为"人生60岁才开始",他们把退休当成是新的起点,鼓励自己从事新的活动。这样的想法是没错的,每一个健康、有精力的人,都没有理由接受退休这个目前仍被大众所接受的因循遵守的旧概念,否则就意味着你失去了开始崭新生活的资格。只要我们心不老,还能从生活中捕捉到希望,那么我们将永远不会被生活淘汰。

快速度成长与慢速率生活

我们之中的大多数人都是"与时间赛跑的人",终日奔波劳碌,幻想着可以创造无穷无尽的人生价值。也许我们都会有这样一种感觉,仿佛这个世界上"没有自己是不行的",任何人也没有办法取代自己的工作,取代自己在社会中所扮演的角色,所以我们总是一路奔波,绝对不能为了任何私人的事情而对工作缺席。可是,也有人提倡慢速率的生活,主张用慢节奏诠释人生,包括起床、吃饭、睡觉,甚至工作。在这一快一慢的主张中,人们对于生活的矛盾也表现出来了——是应该快还是应该慢,成了人们越来越困惑的选择。

之所以人们会产生困惑,是因为大家都以为快与慢本来就是两种不同方向的结果,是没有办法折中的矛盾。但是,我们忽略了,工作与生活本身也是两种不同的人生模式,我们完全可以采用不同的方式来解决不同的问题。

应对工作，我们需要全力以赴。社会千变万化，我们需要以最快的速度来完善自己，改变自己，提升自己的能力。没有人希望自己在开始的时候扮演一个强悍的角色，可是越发展变得越弱。既然我们不甘心被别人超越，那么我们只有不断地提升自己，让自己的能力越来越强，所以，人生需要我们快速成长。

但是，生活是与工作不同的。在生活中，我们需要的是精神上的放松，是对于自我的调解。如果我们一样保持着紧张的心态，以快节奏的方式来处理生活中的每一件事，那么无疑我们会被生活拖垮。

现代人似乎无法抵御速度的诱惑。行有高速公路，食有快餐鸡腿，说有疯狂英语，看有流星飞雨，聊的是合资语言，用的是电子邮件。过去几日甚至数月才能了结的工作，现在只需轻敲键盘，用手机拨个电话，开车跑一趟即可完成。这一切使我们的脚步迅捷，我们的心情却并不轻松。

年轻人的人生往往刚刚开始，穿梭于匆忙的城市中，脚步已身不由己。随着麦当劳、肯德基的盛行，我们的人生也成了快餐人生。繁忙已经成了一种习惯，闭上眼睛是高楼大厦，睁开眼睛是汽车疾行。至于那郊外的湖光山色，那小村里的宁静，成了一种向往。可是人生短短几十年，如果我们一直在忙碌，那么我们又要等到何时才能享受生活的美好呢？

在夏威夷的海边，有一个富翁在海边度假。这时，他看到一个渔翁悠然自得地在晒太阳。他走上去问："你在做什么？"

"享受阳光的沐浴。"

"你这样下去，什么时候才能有钱呢？"富翁笑着说。

渔翁看了看富翁说："那有了钱做什么？"

"有了钱像我一样去旅游、度假，享受大自然的美景啊。"富翁得意地说。

渔翁笑笑说："我现在就是在享受大自然的美景啊。"

生活中，许多人都像故事中的那个富翁，只是一直往前奔跑，追逐着自己想要的生活，却忽略了现在已经拥有的阳光。但像那个渔翁那样，一直在慢节奏的状态下生活和工作，又有些止步不前，不思进取了。所以，最好的状态就是二者的结合，快速度的成长和慢速率的生活。

虽然通常情况下我们往往没有办法权衡生活，也没有办法按照自己的需要去创造生活。但是，我们能够做到的，就是调节，调节对于生活的欲望，调节生活与工作的节奏。要想有所作为，我们只能在成长的路上一路奔跑。但是，不要只顾匆匆赶路，而忘记了生活的真正意义，在高速度中失去了享受的权利。放慢你的脚步，欣赏途中的风景。

悲观失望时，不要对任何事情做决断

悲观和失望等消极的情绪常常会让人们失去正常的判断力。所以，一个人在沮丧难过的时候，一定不要马上着手重要事情的裁决，特别是可能会对我们的生活产生深远影响的人生大事，因为沮丧会使你的决策陷入歧路。一个人在看不到希望时，仍能够保持乐观，仍能善用自己的理智，这是十分不容易的。

当一个人在事业上经历挫折的时候，身边的人会劝你放弃，这个时候，如果听从了他们的话，那么我们注定会失败，如果能够再坚持一下，摆脱悲观的情绪，也许我们就能成功。

许多年轻人，他们在工作遭遇困难的时候选择了放弃，换成了自己完全不熟悉的领域，可是这样面对的困难更大，如果还是没有信心，任由悲观失望的情绪控制，那么就注定了一事无成。

悲观的时候，智慧才是最有用的，它能够帮助你做出正确的抉择：当有人引诱你放弃自己的道路时，你能坚定自己的目标而不受外界的影响；当自己的心开始动摇的时候，能够宽慰自己，让自己冷静下来。

杰克就是这样做的。一直以来，当医生都是他最大的梦想，为此他考上了医学院，想

要深造。刚开始学习的时候,他满心欢喜,完全沉浸在了幸福的氛围里。可是,好景不长,基础知识学完了,他们进入了解剖学和化学的课程。每天都要面对着不同的尸体,杰克感觉到恶心。以后的日子里,他每天走进实验室都心惊胆战,唯恐又见到什么让人想呕吐的景象。

恐惧的心情一直折磨着杰克。他开始怀疑自己的选择是错误的,自己并不适合医生的行业。思考了之后,他决定退学,选择一个更适合自己的职业。他把自己的决定告诉教授,教授说:"再等等吧,你现在的决定并不能代表你的心声。等到你的决定忠于了你的心的时候,你再来找我。"

日子一天一天过去,开始的时候,杰克每天都在受着煎熬,时间长了,他习惯了实验室里消毒水的气味,熟悉了各种尸体的结构,也就不再对实验室感觉到畏惧了。四年后,杰克以优异的成绩毕业,他接受了一家大医院的聘请,成了那里最年轻的医生。

有一次,杰克回去看教授,他笑着对杰克说:"还记得吗?你当年想放弃。""是的,教授,您阻止了我。"教授说:"那时候你太悲观,还不能了解自己的心,所以我让你冷静下来。杰克,你记着,人在悲观失望的时候,千万别马上做决定,要给自己一点时间想一想,之后得到的答案也许就跟原来不同了。"

一个人失意时,头脑一片混乱,甚至会因此产生绝望的情绪,这是一个人最危险的时候,最容易做出糊涂的判断、糟糕的计划。一个人悲观失望时,就没有了精辟的见解,也无法对事物认识全面,也就失去了准确的判断力。所以忧郁悲观的时候,一定不能做出重要决断,等到头脑清醒、心情平复的时候,我们才可以设计更好的计划。

PART 04
《牧羊少年奇幻之旅》
——你想行你就行

《牧羊少年奇幻之旅》（保罗·柯埃略），关于此书，克林顿这样说："《牧羊少年奇幻之旅》讲了一个'足以改变读者心灵一生'的寓言，一个发人深省、纯美动人的童话。"

天命、信仰、梦想、爱心、实践，是牧羊少年圣地亚哥寻宝探险终能如愿以偿的凭借。故事中的寻宝之旅，既是生命的偶然，也是一种必然。生命犹如炼金术一般，其中的滋味，如果不亲身经历，就永远也体会不到。

没有什么能够阻止你，除了你自己

在做了重大决定之后，人们常常习惯找各种理由来阻挡自己，劝说自己放弃那个决定，所以人们面对一些人生中的重大问题，总是显得犹豫不决。圣地亚哥也没能摆脱这样的惯例。

虽然他答应了撒冷之王去埃及寻找宝藏，可是当撒冷之王离开后，他就显得不那么冷静了。他选择了一条最远的路回到自己的羊群所在地，而这样的路程恰恰能提供给他思考的空间。

他想到了他的父亲、母亲还有羊群。父亲和母亲，曾经习惯了他的存在，可是当他离开自己的城堡以后，估计他们也已经习惯了他离开的日子吧。羊群习惯了他的存在，因为他总是能很快地找到最好的草料和水源，离开他，羊群恐怕要遭殃了。可是，就如同自己的父母一样，没有了圣地亚哥，羊群也会变得习惯的。

那么，他心里一直惦记的那个商人的女儿呢？圣地亚哥想，她没有见到他，会有什么样的感觉？圣地亚哥尽量把自己想得重要一些，因为这样他才能从心里得到某些安慰。可是，他心里清楚，他不出现，对于商人的女儿不会有任何影响。因为她不依赖他，不用因为失去他而去习惯另一种生活。也许，她早已经不记得他了，甚至已经成为别人的新娘，再也不会有空去听他讲故事了。

圣地亚哥努力地梳理着自己生活里的事物，他希望能够从中找到一件事物，阻止他做寻宝的决定，可是所有的理由似乎都不具备那样的力量。这让圣地亚哥很失望，所以他一直紧皱着眉头，苦苦地思索。

地中海的东风使劲地吹着，它似乎想尽快地吹醒这个思想还在挣扎的少年。"也许，我脚下的这块土地……"圣地亚哥想着。但是很快地，他意识到迎面吹来的风越来越大了，他应该放弃这些想法，赶快回到自己的羊群那里去。

就在这个想法冒出来的时候，他突然清醒了：就好像自己可以随时赶回自己的羊群那里一样，任何事情都没有办法影响他的决定。羊群、商人的女儿和他脚下的这块大地，都不过是他在实现梦想之前留下的足迹，而这些并不是为了捆住他的脚步而存在的。所以，对于寻宝这件事，只要他想做，什么事情都没有办法阻止他，除了他自己。

这样想着的时候，圣地亚哥已经找到了答案。他很快抛开了所有的顾虑，向他的羊群所在地跑去，因为他知道，接下来还有更多更重要的事情等着他去做。

当你做了某项决定的时候，不要犹豫，不要把身边的事情当成是禁锢你向前的傀儡，而是要看作助你向前的基石。就好像圣地亚哥一样，只要洒脱地面对自己的想法，忠于自己的心，那么任何人都不能捆住你的脚步。所以，不要再拿别人当借口，问问你自己，最想要的是什么，其他的，什么都可以抛下不管。

人生并非由上帝定局，你也能改写

尽管吉卜赛女人跟圣地亚哥说，他将在埃及找到自己的宝藏，可是圣地亚哥并不相信她，认为那不过是她骗钱的一种手段而已。可是，当他坐在公园的椅子上，拿出新换来的小说准备读一读的时候，一位老人在他的旁边坐了下来，并且跟他搭讪。

"附近的那些人都在做什么？"老人指了指公园对面广场上的人们，问道。

"不清楚。"圣地亚哥冷漠地回答。此刻，他只想一个人待着，读一读小说，品尝一下他刚刚从商店里买回来的葡萄酒。可是老人似乎并没有因为他的冷漠就停止跟他的对话。他对圣地亚哥说，他感觉很渴，因为天气太热了，而且他说过很多话。圣地亚哥把酒囊直接递给他，心想，也许这样做，老人就会停止说话了。

可是，老人依然在他的身边打转，并且从他的手里夺走了书。"你看的是什么书？"圣地亚哥指了指书的封面，却没有说话。他这样做有两个理由：一是他不会念那个书名；二是如果老人也不会念，就会尴尬地走掉。

"嗯……"老人翻过来书的封面，"这是一本不怎么样的书，读起来会很乏味。"他这样说。

圣地亚哥很诧异，他没想到老人也认识字，甚至还看过这本书。如果这本书真像老人说的那样乏味，现在去书店再换一本其他有趣的书，也还来得及。

老人继续说："这本书跟其他的书几乎没什么差别，它想让你相信这世上最大的谎言，那就是人们的命运都是上帝决定的，而自己是没有办法改变的。"

"为什么这么说？"圣地亚哥很好奇。

"书里说，在人生的任何时候，人们都没有办法掌控自

己的命运，只能听任命运的安排，人们在命运面前是苍白而且无力的。这是不正确的。虽然人们出生的时候已经拥有了自己的角色，你可能是穷人的孩子，也可能是富家的少爷，可是这个身份不代表可以跟着你一辈子。很多优秀的人，尽管出生在穷人家里，可是他们能够改变自己的命运，成为最大的富翁。也有很多生下来很富有的人，他们不珍惜拥有的东西，不停地挥霍，到最后，可能连穷人都不如，而沦为了乞丐。"

"可是这些事情并没有发生在我身上，我只是一个牧羊人。"圣地亚哥说。

老人看着他，语重心长地说："我说的就是你啊，孩子。你现在是牧羊人，可是如果你去了埃及，寻找到了宝藏，那么你的命运就会发生翻天覆地的变化。你的人生也是由你自己决定的，不是开始决定了的角色，你就要担当到底的。你要记住，开始的时候，你也不是一个牧羊人，所以最后，你仍然不会是个牧羊人。"

圣地亚哥看着这个老人，他想到了自己的那个关于宝藏的梦，心想，他怎么知道我的梦境？难道这就是我的天命？改变自己的命运，找到那些宝藏，才是我真正的使命？

带着这样的困惑，圣地亚哥陷入了沉思。同样陷入困惑的，又岂止他一人？我们都在猜测自己的人生，想知道自己到底能做成什么事情，从中获得多少意外的收获，可是生活就是这么变化莫测，它早就给我们固定了人生的角色，却不告诉我们未来的方向，让我们摸不到头绪。可是，有一点可以肯定，那就是不管你现在在充当生活中的什么角色，你都没有被固定。只要你自己努力、用心，你就可以改变自己的命运，重新建立自己的角色。

活在希望中，生活才更有趣

生活不能没有希望，这一点圣地亚哥比谁都看得明白。在他的生活里，每天都要重复同样的事情，如果有人说是索然无味的，他也说不出什么反驳的话。可是如果心中怀有希望，那就不一样了。

圣地亚哥每天都要用牧羊拐杖戳戳羊的脑袋，单调而又机械地，一只接着一只，呼唤着它们的名字。作为一个牧羊少年，圣地亚哥明白，即使心中梦想着欣赏全世界最美妙的风景，也不能忘记自己的羊群。所以，他总是费尽心思地跟自己的羊群培养感情。他一直相信羊群能听懂他的话，所以他会把书上看到的精彩句子念给它们听，或者评论一下刚刚经过的村庄或者所见过的事物。可是，在过去的两天里，圣地亚哥一直在跟羊群说着同样的一件事：他将见到他一直渴望见到的人——那个女孩，商人的女儿。

她就住在几天后圣地亚哥要去的村庄里。他曾去过那个村庄一次，是去年。他通过朋友介绍，带着羊群去找那个商人卖羊毛。商人正在忙，就让圣地亚哥等一会儿。

圣地亚哥坐在商人家对面的山坡上，拿出一本书，默默地看。他的这些举动引起了商人女儿的好奇："我从来都不知道牧羊人会认识字。"

"哦，通常我从羊群里学到的东西会比从书本上学到的多。"圣地亚哥回答。

那是一次愉快的谈话，因为圣地亚哥把在牧羊途中经历过的新鲜事都尽可能地讲给那个女孩听了，他的富有生趣的故事深深吸引了她，让她不由自主地流露出了羡慕与崇拜之情。这让圣地亚哥感到很自豪。于是，在商人让圣地亚哥第二年的同一天还去那里卖羊毛的时候，他兴奋地答应了。

圣地亚哥一直在想，再见面的时候，他应该准备什么故事讲给那个女孩听。总是这样想着的时候，这件事情就变成一件很重要的事情，再也放不下了。他会幻想出各种各样的场景，关于他们见面的。圣地亚哥满足于这样的幻想和准备，因为那个女孩不仅带给他心灵上的安慰，同时也带给了他一种希望。他觉得，只有活在希望中，生活才更有趣。

我们都知道，后来因为要去解梦，圣地亚哥并没能如约去见那个商人的女儿，可是他对于与那个女孩再次见面的期待，却成为他努力地过好每一天的动力。他尽心地在那一年的约定里寻找着每一个动人的故事，并且努力地将自己的生活变得有趣，这些足以表现出希望的巨大魅力。

希望，就好像一股引力。不管你现在遭遇的是什么，只要心中怀有它，你就始终不能停下自己追求美好的脚步。内心充满希望，就可以为你增添一分勇气和力量，即使是身陷困境的低谷，你也会抓住向上的绳索，克服所有的困难。

所以，在现实生活中，不要让你的内心失去希望，因为缺少了它，你的生活就会变得索然无味，人生也会变得暗淡无光。

深爱但不迷失方向

在圣地亚哥看来，寻宝途中所遇到的任何一件事情，都没有像法蒂玛这样吸引他，让他有了非常坚定的放弃梦想的念头。可是，沙漠里出现了一个神秘的人，他用另一种昭示告诉圣地亚哥，只有去金字塔那里，完成他的天命，才是他现在最应该做的。这个人，就是炼金术士。

"我不想再听到关于金字塔的任何事情了，因为我已经准备留下来。"圣地亚哥说，"在我看来，法蒂玛比任何宝藏都珍贵。"

"法蒂玛是沙漠的女人，她明白，走出去的男人，为的就是能够回来。她会等你的。"炼金术士说，"她盼望你能尽快地找到宝藏。"

"如果我必须留下来呢？"

"我来告诉你会怎样。"炼金术士说，"你将是绿洲的参事，会有钱买足够的骆驼和羊，会跟法蒂玛结婚。第一年，你们会很快乐地生活，她会为了你的爱而努力地照顾你们的生活，而你也将为了她的爱而照顾这个被沙漠包围的绿洲。你会熟悉这里的每一件事物，包括那5万株棕榈树中的每一株，你会看着它们成长，如同世界一直在变迁一般。你会学着热爱沙漠，努力找出各种各样的征兆，然后告诉大家怎样更好地保护自己的家园。你会是沙漠里最好的老师，人们爱戴你，就好像爱戴自己一样。

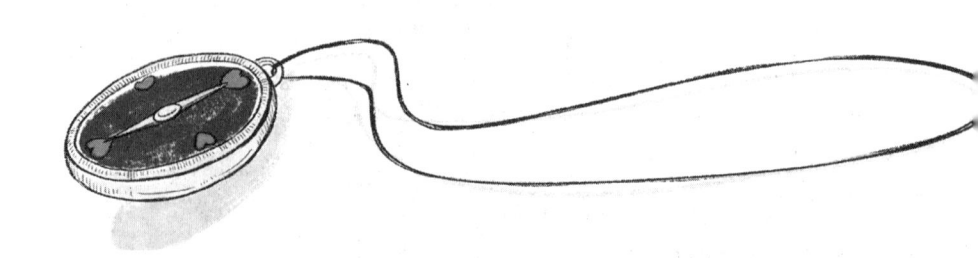

"到了第二年,你依然做着自己喜欢的事情,守着自己的爱人,守着这个被沙漠包围的绿洲。你对这里再熟悉不过了,但是你会偶尔地想到那批宝藏,会有预兆继续提醒你,而你会尝试用各种方法来忽略它们。部落的长老会感激你为他们族人所做的一切,也许会给你更多的财富,你也可能因此而获得更多的权力。你从沙漠里学到的知识,会全部用于造福这里的人,你会因此而感觉到自豪。

"第三年,你依然会感觉到那批宝藏对你的召唤。你会在绿洲里游荡,想着自己到底应该做些什么,这样的人生是不是有意义。而你的法蒂玛,她将不快乐,因为是她牵绊了你寻梦的脚步,她会为此感觉到愧疚。可是,她不知道怎样用更多的爱来补偿你。她是一个沙漠的女人,而沙漠的女人是支持自己的男人远行,之后翘首企盼,而不是把男人拴在自己的身边,让他们没有办法施展自己的能力。她也会尝试着让你远行,去寻找你的宝藏,可是你已经不想再走了,因为你习惯了这里。习惯会让你恐惧,你害怕一旦离开这里就再也回不来了。

"你这样一直拖延,安于自己的习惯,可是预兆不会总过来找你。等到了一定的时候,你就会发现,你已经意识不到那批宝藏了,而它们,将永远被埋于地下。

"以后的日子里,你会一天比一天痛苦。因为人们不会再像以前一样崇拜你,你也渐渐地不被人们重视。你的内心会感觉到孤单、害怕,甚至会后悔。于是你深爱的女人,就会在你的哀伤里默默地流泪,再也体会不到生活的甜蜜了。"炼金术士将生活中最现实的一面说给了圣地亚哥。

"深爱一个人并没有错,可是不能因为这个人迷失方向。如果现在留下来,那么很多美好的事物都会变得不幸。所以,你只有继续寻梦的脚步,才能在最后给予法蒂玛幸福。"

圣地亚哥听了,心中的想法渐渐明晰了。他开始努力地集中精神,思考自己怎样前行,而不是为了爱情留守在绿洲。

爱情,有时候会让人变得盲目,就如同圣地亚哥这样的寻梦人,很可能会为了爱情而放弃一切。但是,明智的人不会因为深爱而迷失方向,他们会知道,眼前的迷失将可能毁掉一生的幸福。所以,他们会明晰自己的方向,在应该抉择的时候,显得果断而从容。

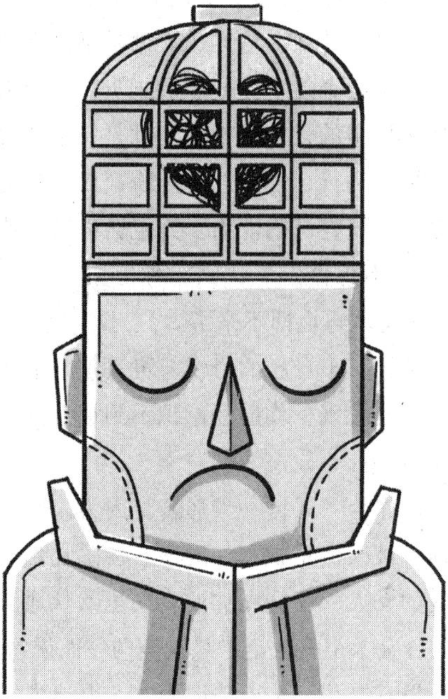

第四篇

羊皮卷精粹卷

PART 01
《最伟大的力量》：选择比努力更重要

每个人都有力量，可是，很多人却将力量闲置，有的人甚至不知道力量的存在，他们自然也就不懂得如何去开发和利用力量。而科尔的这本书——《最伟大的力量》针对"力量"这个问题做了详尽的阐释。

无数人将此书奉为经典。在书中，科尔告诉我们："力量能让你充满智慧，让你健康快乐，还能让你凭借着自己的努力创造出惊人的财富。"

选择其实比什么都重要

"上百亿的人穷其一生都在困苦中无奈地生活，这仅仅是因为他们没有意识到自己最伟大的力量。"正如马丁·科尔所说，人人都拥有让自己梦想成真的伟大力量，但区别仅在于有的人选择了去发现并利用，有的人则对其置之不理。

"你们替我决定吧！"

"我随便，你们商量去吧！"

"怎么选择都一样，我不想再费脑筋了！"

生活中，很多人往往对选择抱着无所谓的态度，事实上，他们忽略了最重要的一点：选择其实比什么都重要。

有一个叫艾德的人，在14岁时因小儿麻痹症致使头部以下瘫痪，必须靠轮椅才能行动。白天，他必须使用一个呼吸设备，否则无法过正常人的生活，晚上他则有赖"铁肺"。得病之后他曾几次差点丧命！

如果是你，这样的遭遇，你是一蹶不振，从此自暴自弃，还是选择勇敢地面对生活呢？

艾德的选择出乎很多人的意料。他并没有让自己沉浸在泪水和哀怨之中，相反，他希望有朝一日能帮助有相同病症的患者。

他决定改变大众的看法，不要以高高在上的姿态怜悯残障人士，认为残疾就等于无用，而应顾及他们生活中的不便之处。在他十余年的努力下，社会终于注意到了残疾人的权利。如今，美国各个公共场所都设有轮椅专用的上下斜道，有残疾人专用的停车位，有帮助残疾人行动的扶手，这都是艾德的功劳。艾德是第一个患有颈部以下瘫痪而从加州大学柏克莱分校毕业的高才生，随后他担任加州州政府复建部门的主管，他是第一位担任公职的严重残疾者。

艾德完全可以选择感伤，也可以选择一生默默无闻，或者在别人的同情下得到终生照料，谁也不会因此而说什么。但是艾德把握住了选择的力量，

他认为肢体上的不便并不能限制他的发展,而他要做的是结束这样的不便,竭尽全力为自己选择一个有意义的人生。

不要觉得自己已经别无选择,就算在最坏的环境下,一个最好的选择,也能将你的人生扭转,就像艾德一样。

选择就在你自己的手里

智慧、健康、平安、愉快的心境……很多人梦寐以求,而《最伟大的力量》则向你揭示了梦想的奥秘,已经为你讲过的是选择就在你自己的手里。在大自然看来,每一个生命都是鲜活灵动的,不管是啼哭的婴儿,还是摇晃着学走路的羊羔,或者是一棵美丽繁茂的树,它们都恣意地生长着,它们都有自己的力量,它们都可以为自己做选择,因为,选择就在它们自己的手里。

可是,有人将这项权利拱手交给别人,于是这样的情形司空见惯:

"妈妈,我明天穿什么衣服?"

"爸爸，你说我是学画画，还是学跳舞？"

"你们帮我决定上哪个大学吧！"

这样时间长了，你就很容易养成依赖别人的习惯，你变得懒于思考，也逐渐失去了选择的愿望，选择的能力更无从培养。

"我不知道该怎么选择！"

"我不敢去选择！"

"能不能不去选择？"

选择是艰难的，因此选择就意味着要有取舍，而无论做什么选择，都意味着要放弃其中之一，于是你退缩了。但你也许想不到，你很可能会变成一个懒惰的人，没有主见，没有勇气，在遇到问题时，恐慌而不知所措，你的思考和行动能力也会逐渐丧失，于是，不管是在学习上，还是生活上，你都变得被动起来。所以，每个人都要牢牢把握住自己的选择权，这样的人生才更完整。

选择并不是一件简单的事情，不仅要懂得为自己选择，更要学会如何选择。而诀窍就在于不要因他人的言论和判断而束缚自己前进的步伐，任何时候，让心做行动的向导，它会带你去任何你想去的地方。

伊芙琳·格兰妮是世界著名的打击乐独奏家，她曾说："从一开始我就决定，一定不要让其他人的观点阻挡我成为一名音乐家的热情。"

格兰妮8岁时开始学习钢琴，当日子如流水般滑过，徜徉在音乐世界中的她毫无倦意，她的热情与日俱增。然而，不幸的事情发生了，她的听力渐渐下降，医生们断定这是由于神经损伤造成的，而且这种损伤难以康复，并且还断言到12岁时，她将彻底耳聋。虽然听起来让人震惊，但她仍然执着地爱着音乐。

她的理想是成为打击乐独奏家，而在当时并没有这么一类音乐家。为了演奏，她学会了用不同的方法"聆听"其他人演奏音乐。她只穿着长袜演奏，这样她就能通过身体和想象感觉到每个音符的震动，她几乎用她所有的感官来感受整个声音世界。

她决心成为一名音乐家，于是她向伦敦著名的皇家音乐学院提出申请。她的演奏征服了所有的老师，最后，她打破了这个学校从来不收聋学生的传统，顺利入学，并在毕业时荣获了学院的最高荣誉奖。

从那以后,她就致力于成为第一位专职的打击乐独奏家,并且为打击乐独奏谱写和改编了很多乐章。

格兰妮一直坚持自己的选择,她不为左右,甚至是医生的诊断也不能阻止她,她终于成功了,她成了世界上第一位专职的打击乐独奏家。她为自己的选择而感到骄傲。

我们就像生活在一个网状的世界里,每当遇到问题时,周围便充满了各种各样的眼睛,但不论是鼓励关切的还是不屑质疑的,甚至是阻挠制止的,我们都应当明白,对于正确的选择一定要坚持,而且要像格兰妮一样毫无畏惧。但需要注意的是,作为青少年,因为正处于认识社会的初期,认知难免会出现偏差,盲目坚持,反而会演变成执迷不悟。多听取别人正确的意见,让明智的人帮助自己选择,这样的坚持更有价值。

选择,先给自己一双慧眼

"答案怎么是这个!太奇怪了!"

"都怪我自己!我怎么没想到这个才是最正确的呢?"

"你看你看!我就说你当时就不能选这个,现在后悔了吧?"

很多人会有这样的体会,在做题目时明明自己小心了再小心,可是答案最后还是选错了,尤其是在做逻辑分析题时,正确的概率就更小了。其实这是

因为题目具有一定的隐藏性，答案就像和你做起了捉迷藏的游戏，你要给自己一双慧眼，能够敏锐地洞察，否则那个神秘的答案终究不肯出现。

或者是在旅行时，为了找一条风景更优美的路，在看起来幽静美丽的林荫道与一条杂乱无趣的路之间，往往很多人容易选择前者，而后者却很可能在百步之后便会发现是风光无限。

很多时候，答案往往具有隐藏性，这就需要每个人都睁大慧眼，只有这样，才能到达成功的终点。在非洲的草原上，一匹狼气喘吁吁地跑着，三个昼夜的躲藏和奔跑已经让它随时有倒下的可能了。它的汗水流下来，一滴一滴地掉在身下肥沃的土地上，滋润着绿油油的小草。它的舌头向外伸着，它的腿像灌满了铅，饥饿、疲劳牢牢地抓住了它，但它偶尔回头时那坚定的眼神似乎在告诉那个穷追不舍的狩猎者：我不会放弃最后一丝希望。

这是一个经常狩猎的富翁，虽然惊叹于狼的坚韧，但他依然紧紧地跟着这匹疲惫的狼。

狼愈来愈慢，最后被迫到了一个类似于"丁"字形的岔道上，此时，正前方是迎面包抄过来的向导，他也端着一把枪，狼夹在中间。富翁以为这匹狼会选择岔道，谁知，这匹狼并没有这么做，而是出人意料地迎着向导的枪口冲过去。狼在夺路时被捕获，它的臀部中了弹。

这让富翁十分费解：狼为什么不选择岔道，它冲向向导是准备夺路而逃？难道那条岔道比向导的枪口更危险吗？

面对富翁的迷惑，向导说："埃托沙的狼是一种很聪明的动物，它们知道只有夺路成功，才能有生的希望，而选择没有猎枪的岔道，必定死路一条，因为那条看似平坦的路上必有陷阱，这是它们在长期与猎人周旋中悟出的道理。"

这不由得让富翁陷入了沉思。

坐在草地上，回想历次的狩猎，富翁第一次感到如此触动。过去，他曾捕获过无数的猎物——斑马、小牛、羚羊甚至狮子，这些猎物大多被当作美餐，然而只有这匹狼却让他产生了"让它继续活着"的念头。

就在向导要剥下狼皮的那一瞬，富翁制止了向导。他问："你认为这匹狼还能活吗？"向导点点头。富翁打开随身携带的通信设备，让停泊在营地的直升机立即起飞，他想救活这匹狼。

直升机载着受了重伤的狼飞走了，飞向500公里外的一家医院。

据说，那匹狼最后被救治成功，如今在纳米比亚埃托沙森林公园里生活，所有的生活费用由那位富翁提供，因为富翁感激它告诉他这么一个道理：在这个相互竞争的社会，真正的机会也会伪装成陷阱。

所以，在选择之前，一定要给自己一双慧眼去做出正确的选择。这也是《最伟大的力量》给每一个人的警醒和启发。

从容，让你的选择更准确

"我该怎么选择？"在填报大学志愿的时候你不断地在两所学校之间犹豫，一个是名校，一个是自己向往已久的专业。

"前面有三条路，走哪条才能最快到达终点？"走到岔路口时你又犯了愁，情急之下，你硬着头皮冲向一条路。

在生活中，我们总会面对着A、B、C、D等诸多选择，这时，我们通常急得像热锅上的蚂蚁，最后急忙地做了决定，这往往会导致遗憾和后悔。所以，我们在面对选择时一定要从容镇定。

有一首歌这样唱道："曾经在幽幽暗暗反反复复中追问，才知道平平淡淡从从容容才是真。"

面对人生，就让我们以闲看云卷云舒、花开花落的心境，以从容去选择，选择一种气度，选择一种风范，选择一种壮美。有这样一个故事，讲的是古罗马的一个皇帝。这个皇帝经常派人观察那些第二天就要被送上竞技场与猛兽空手搏斗的死刑犯，看他们在等死的前一夜的表现。据观察者汇报，在这些罪犯中，有人恓恓惶惶，有人泰然自若，前者自然整夜难眠，后者是呼呼大睡而且面不改色。皇帝得知后，便吩咐属下在第二天早上偷偷将呼呼大睡的人释放，将其训练成带兵打仗的猛将。

无独有偶，据传中国也有个君王，在接见新上任的臣子时，总是故意叫他们在外面等待，迟迟不予理睬，再偷偷看这些人的表现，并对那些悠然自得、毫无焦躁之容的臣子刮目相看。

两国皇帝采取同样的做法，其中其实蕴含着深刻的含义。

一个人的胸怀、气度、风范，可以从细微之处表现出来。古罗马的那位皇帝以及古中国的那位君王之所以对死囚或新臣委以重任，便是从他们细微的动作、情态中看到了与众不同的潜质，看到了那份处变不惊、遇事不乱的从容。

有很多人喜欢看战争片或是灾难片，他们往往有一个共同点，那就是都会折服于影片中主人公面对枪林弹雨，面对飓风、地震、洪水、沉船或外星生物的入侵等极度危险、十万火急的非常时刻所表现出的那种沉稳、坚毅，那种从容自若。

社会瞬息万变，而且诱惑四伏，在这样的一种现实情境下，更需要人们保持一种平淡沉稳、从容自若的心态。远离浮躁，从容选择，是一个现代人适应社会环境的基本要求。

某公司总裁的用人之道别具一格，他往往在公司职员没有任何思想准备时，对他们进行降职。那些怨天尤人、灰心丧气者被淘汰，而处变不惊、从容应对者最后都备受青睐。逆境，抑或突如其来的变故与危机，都是很好的试金石，能明晰地鉴定一个人素质的优劣。甚至那些养鸟的行家，在选鸟的时候，都要故意惊吓那些鸟，绝不选那种稍受一点儿惊吓就扑扑拍翅、乱成一团的鸟。

选择是一种伟大的力量，从容，让你的选择更准确。

适合的才是最好的

脚埋怨一双鞋太小，鞋不屑，嘴上不屈不挠："当初是你选择我的！"

脚又埋怨另一双鞋太大，鞋忍不住说："你明知道大，为什么还要买？"

脚不说话了,当时它一眼看中这两双鞋,心想大小没关系,毕竟这是两双自己最喜欢的。

听了鞋的话,脚突然间明白过来,只有适合的才是最好的。

这就如同在请发型师给自己做发型,你喜欢的未必适合你,在挑选衣服的时候,也要根据自己的身材肤色来选择适合自己的衣服,只有适合自己才能让自己美丽生动。

任何时候,都要知道适合自己的才是最好的。1935年,帕瓦罗蒂出生于意大利的一个面包师家庭。父亲是个歌剧爱好者,他常把卡鲁索、吉利的唱片带回家来听,耳濡目染,帕瓦罗蒂也喜欢上了唱歌,小时候的帕瓦罗蒂就显示出了唱歌的天赋。

长大后,帕瓦罗蒂依然喜欢唱歌,但他更喜欢孩子,并希望成为一名教师。于是,他考上了一所师范学校。在师范学校学习期间,一位名叫阿利戈·波拉的专业歌手收帕瓦罗蒂为学生。

临近毕业的时候，帕瓦罗蒂问父亲："我应该怎么选择？是当教师呢，还是成为一个歌唱家？"父亲这样回答他："孩子，如果你想同时坐两把椅子，你只会掉到两把椅子中间的地上。在生活中，你应该选定一把椅子。"

听了父亲的话，帕瓦罗蒂选择了教师。不幸的是，初执教鞭的帕瓦罗蒂缺乏经验，管教不了调皮的学生，最终只好离开了学校。于是，帕瓦罗蒂选择了唱歌。

17岁时，父亲介绍帕瓦罗蒂到罗西尼合唱团，开始随合唱团在各地举行音乐会。帕瓦罗蒂经常在免费音乐会上演唱，希望能引起某位经纪人的注意。

可是，近7年的时间过去了，帕瓦罗蒂还是个无名小辈。眼看着周围的朋友们都找到了适合自己的位置，也都结了婚，而自己还没有养家糊口的能力，帕瓦罗蒂苦恼极了。偏偏在这个时候，帕瓦罗蒂的声带上长了个小结。在菲拉拉举行的一场音乐会上，他就好像脖子被掐住的男中音，被满场的倒彩声轰下了台。

失败也曾让帕瓦罗蒂产生过放弃的念头，但他想起了父亲的话，他心里很清楚唱歌是最适合他的，而他要做的就是为了这份选择而坚持。

几个月后，帕瓦罗蒂在一场歌剧比赛中崭露头角，被选中在雷焦埃米利亚市剧院演唱著名歌剧《波希米亚人》，这是帕瓦罗蒂首次演唱歌剧。演出结束后，帕瓦罗蒂赢得了观众雷鸣般的掌声。

随后，帕瓦罗蒂应邀去澳大利亚演出及录制唱片。1967年，他被著名指挥大师卡拉扬挑选为威尔第《安魂曲》的男高音独唱者。

从此，帕瓦罗蒂的声名节节上升，成为活跃于国际歌剧舞台上的最佳男高音。

当有人问帕瓦罗蒂的成功秘诀时，他说："我的成功在于我选对了自己施展才华的方向。我觉得一个人如何去体现他的才华，就在于他要选对人生奋斗的方向。"

世界上有很多选择，而只有适合你的才是最好的。就像故事中的帕瓦罗蒂，唱歌是最适合他的，那唱歌就是最好的，最终事实也证明了他的决定是正确的。

很多人一生费尽心力，孜孜以求，不管是学校、专业还是老师、朋友，最后却一无所得，事实上，这很大程度上是因为他没有选择适合自己的。

善用选择的伟大力量，从选择适合自己的开始。

PART 02
《唤起心中的巨人》：学会心绪能量的转化

《唤起心中的巨人》的作者安东尼·罗宾是成功心理学和保持巅峰状态方面首屈一指的专家。这本奇妙的书将教你如何挖掘自己的潜在能量，并将这些能量转化为成功的垫脚石。每个人心中都沉睡着无穷的能量，它们就像是深藏在你内心的钻石宝藏，这些"钻石"足以使你的理想变成现实，但是它们的表面也许蒙着一层灰尘，只有将灰尘抹去，这些珍宝才能闪耀出本来的光芒。

让坏习惯不再如影随形

"你什么时候才能改掉你乱扔东西的坏习惯？"

"又磨蹭了，大家都在等着呢，你得快点！"

"刚学了一个星期就腻啦？当初怎么说的？说一定会坚持学下来！怎么又是这样，画画坚持不下来，练钢琴还是这样！"

你的身上是不是也有着这样那样的坏习惯？对于这些坏习惯你是如何看待的呢？经常听到有人说："没什么大不了的！小毛病人人都有！"现实生活中，对此

抱着无所谓态度的人很多，你是否又是其中一个？

美国著名的心理学家威廉·詹姆士说："播种行为，收获习惯；播种习惯，收获性格；播种性格，收获命运。"一种好习惯可以成就人的一生，一种坏习惯也可以葬送人的一生。

试想，一个爱睡懒觉、生活懒散又没有规律的人，怎么约束自己勤奋学习和工作？一个不爱阅读、不关心身外世界的人，能有怎样的胸襟和见识？一个自以为是、目中无人的人，如何去和别人合作、沟通？一个杂乱无章、思维混乱的人，做起事来的效率会有多高？一个不爱独立思考、人云亦云的人，能有多大的智慧和判断能力？

古希腊伟大的哲学家柏拉图曾告诫一个游荡的青年说："人是习惯的奴隶，一种习惯养成后，就再也无法改变过来。"那个青年回答："逢场作戏有什么关系呢？"这位哲学家立刻正色道："不然，一件事一经尝试，就会逐渐成为习惯，那就不是小事啦！"

坏习惯就像是身后的尾巴，一直紧紧跟着你，等你发现它严重影响了你的生活才想到要摆脱时，一切恐怕就难以挽回了。要知道，习惯的养成是一个不断重复的过程，每一次，当我们重复相同的行为时，就等于强化了这一行为，最终，就成了根深蒂固的习惯，把我们的思想与行为也缠得死死的。

正如英国桂冠诗人德莱顿在300多年前所说的："首先我们养出了习惯，随后习惯养出了我们。"我们是从习惯中走出的，所以，如果想要拥有一个美丽的人生，就需要养成好习惯，那么，从现在开始，我们就要改掉坏习惯。

"那如何改掉坏习惯呢？"很多人都问过同样的问题。想要让坏习惯不再如影随形，那就要自己排解了。

不妨从以下几点出发：

（1）从思想深处认清不良习惯的危害性，清楚不良习惯会影响人的身心健康或左右人的行为方式，以争取自觉树立起戒除不良习惯的意识。

（2）以好习惯取代坏习惯。坏习惯之所以存在是因为它能够在一定程度上使你得到一种心理上的满足，例如懒惰，所以，如果要与坏习惯彻底告别，可以找一个同样使你感到满意的习惯来取代它。

（3）求得支持。许多戒除不良习惯者体会到，别人的支持十分重要，是防止复发的有效手段。这种支持可以来自家庭、朋友和志同道合的同事。

（4）避开诱因。如果你总喜欢在晚上喝咖啡或饮茶，这样极容易变得兴奋而影响睡眠，你就可以改喝白开水和饮料；如果你和一些朋友在一起，就想聊天而影响做作业，你就要试着改改对象。

（5）自我奖励。取得小成功——如坚持练琴一个月，可以自我奖励一次，如买本好书给自己。

（6）不找借口。要防止自欺欺人，"这是小亮借给我看的武侠书，要不我不会看的。""这是最后一次，这次之后我就再也不看动画片了。"……诸如此类的借口，其实都是下次再犯的苗头和征兆。

解开内心拧在一起的麻花

"要是……就好了！"很多人如此感叹。

很多人经常对已经发生的事情追悔莫及，这其实是一种很正常的现象，人多多少少都会有这样的体验。

从某种角度上来看，这未尝不是一件好事，你可以从中吸取经验教训，避免下次重复出错，但不能一味地追悔感伤，沉浸于此。事情已经发生，局面已经形成，再也无法挽回，你应该学会放下过去，这样才能重新开始。

安东尼·罗宾就经常以愉快的方式来结束每一天。他告诫我们说："时光一去不返。每天都应尽力做完该做的事。疏忽和荒唐事在所难免，尽快忘掉它们。明天将是新的一天，应当重新开始，振作精神，不要使过去的错误成为未来的包袱。以悔恨来结束一天，实在是不明智之举。"

罗宾鼓励我们做一个关门的人，就好像英国前首相劳合·乔治一样。乔治有一天和朋友在散步，每经过一扇门，他便把门关上。朋友疑惑地说："你没必要把这些门关上。"乔治却说："哦，当然有必要。我这一生都在关我身后的门，你知道，这是必须做的事。当你关门时，也将过去的一切留在后面。然后，你又可以重新开始。"

你想成为一个快乐的人吗？其中最重要的一点就是要学会将过去的错误、罪恶、过失全部忘记，然后坚定地向前看。只有忘记过去的事，努力向着未来的目标前进，才能使自己不断走向辉煌。

有位企业家做了一个错误的决定，这个决定让他蒙受了巨大的损失。在这之后，他拒绝承认自己的失误，拒绝接受不可避免的事实，结果，他失眠了好几夜，痛苦不堪，但问题一点也没解决。更严重的是，这件事还让他想起了以前很多细小的挫败，他在灰心失望中折磨自己。这种自虐的情形竟然持续了一年，直到他向一位心理专家求救后，才彻底从痛苦中解脱出来。

事实上，如果我们研究一下那些著名的企业家或政治家，就会发现，他们大多都能接受那些不可避免的事实，让自己保持平和的心态，过一种无忧无虑的生活。否则，他们中的大部分人会被巨大的压力压垮。

道理很简单：当我们不再反抗那些不可避免的事实之后，我们就能节省下精力，去创造一个更加丰富的生活。如果你的内心为此不断痛苦和挣扎，就仿佛在拧麻花，两股力量互不相让，那最终深陷泥沼的只有你自己。要知道你只能在两者中间选择其一：可以选择接受不可避免的错误和失败，并抛下它们往前走；也可以选择抗拒它们，变得更加苦恼。

当然，你可以尝试着不去接受那些不可避免的挫败，但这样势必使人产生一连串的焦虑、矛盾、痛苦、急躁和紧张，你会因此整天神经兮兮、不知所终。

有一句古老的犹太格言这样说："对必然之事，轻快地加以接受。"在今天这个充满紧张、忧虑的世界，忙碌的你非常需要这句话。

所以，请接受不可避免的事实吧，然后以一种乐观的态度轻松地生活下去！

解读他脸上的语言

"马上就要比赛了,他是我们小组的主力,可是最近看他心事重重,一副心不在焉的样子,他到底在想什么呢?"

"你看这样行不行……"还没有提出自己的想法,小静就听到好友轻微的一声叹息,她迅速地瞥了一眼好友,只见好友眉头紧锁,小静笑着岔开话题,气氛也渐渐变得轻松活跃起来。

每个人都有自己的想法,但并不是每个人都会将自己的想法暴露,在与人交往时,面对不同的人,你会有不同的态度,有的人你愿意亲近,你觉得他值得做朋友,而有的人则相反,所有的这些,你如何迅速地判断和识别呢?

其实,要想了解他人并不难,你不是想猜测出别人的内心活动、选择可以交往的朋友吗?那就需要从对方的一言一行中去捕捉一点一滴的信息,以此来判断对方的想法。这其实也是人际交往时必须具备的能力,这样不但能使沟通交流变得畅通,而且还会为你提供切实的帮助。

要想了解他人,首先要学会察言观色。一个人的想法往往会通过他的态度及动作流露出来,只要我们仔细地观察他人,即学会察言观色,便可以了解他人的想法。

春秋时期的齐国宰相管仲深明察言观色之道,等到适当的时机再从旁进谏。但是有一次,他稍不小心,还是触到齐桓公的"逆鳞"。

当管仲审核国家预算支出的情况,发现宴客费用居然高达三分之二,其他部门的经费只有三分之一,难怪会捉襟见肘、效率不高。他认为这太浪费,此风断不可长。于是,管仲立刻去找桓公,当着众臣的面说:"大王,必须要裁减执行费用,不能如此奢侈……"

话未说完,没想到桓公面色大变,语气激动地反驳说:"你为什么也要这样说呢?想想看,隆重款待那些宾客目的是使他们有宾至如归的感觉,他们回国后才会大力地替我国宣传;如果怠慢那些宾客,他们一定会不高兴,回国后就会大肆说我国的坏话。粮食能够生产出来,物品也能制造出来,又何必要节省呢?要知道,君主最重视的是声誉啊!"

"是!是!主公圣明。"管仲不再强争,即刻退下。

管仲的机智与聪明就在于他善于察言观色。如果换作是其他忠义顽强好辩的人士，继续抗争下去，可以想象会有什么后果。

从桓公的脸色和语气中管仲察觉到此时桓公心情不佳，不会接受劝谏，自己应做到该进则进、该退则退、当止则止，于是他不再继续损害君主的尊严，而是在后来的工作中慢慢影响桓公，使问题逐步加以改善。

事实上，我们在与人交往时也应这样，要注意顺着对方的心意，不可逆犯对方的忌讳。否则非但达不到目的，反而会使自己处于非常尴尬的局面。所谓"出门观天色，进门看脸色"，尤其是在求人办事时，只有善于从对方面部表情做出准确判断，再付诸行动，才会有成功的可能。

其次，可以通过语音洞察人心。

说话速度是一种特征，是一个人与生俱来的气质及平日与人交往中锻炼所形成的。但是异常的说话速度常常与内心的思想有很密切的联系。比如，平时能言善辩的人，突然变得口吃起来，或者相反，平时说话不得要领的人，突然说得头头是道，这就要注意是否发生了什么事情，影响他们，以致使他们的心理发生了重大变化。

这是因为一般情况下，人在深层心理有烦恼不安或恐惧等感情时，说话速度都会快得异乎寻常，以此自欺欺人，缓和内心的不安与恐惧，但是，由于没有冷静地思考，所以，即使说得滔滔不绝，内容却空洞无物。

同样，如果是一个平时总是沉默寡言的人，突然间话多得令人感到不自然，此人一定有了不愿他人知道的秘密。

与说话速度一样，声调也是语气的特征之一——人的思想处于激动状态时，声调往往会提高。某位作曲家也曾说："要提出与对方相反的意见时，最简单的办法就是提高音量。"

如果你做一个生活的有心人，仔细留心他人的语速和声调，就可以轻而易举地探知他人内心的想法。心中的巨人一旦唤醒，就可以产生神奇的力量。

给自己的情绪上把锁

炎炎夏日，老和尚正在给小和尚讲佛理。

老和尚说，心头火烧毁的往往是自己的心，所以要制怒。

"心静自然凉啊！"老和尚讲。

老和尚的佛理刚讲完，小和尚便虔诚地向老和尚请教："师父，刚才你最后一句说了什么？"

"心静自然凉。"老和尚说。

"心静之后是什么？"

"自然凉。"

"什么自然凉？"

"心静。"

"哦，心静自然凉。"小和尚小声念道，忽又问，"师父，自然凉前面是什么？"

"是心静。"

"心静前面是什么？"

"心静前面已经没有了。"老和尚说。

"哦，心静后面是什么呢？"

"自然凉。"

"自然凉？那自然凉前面是什么呢？"小和尚不停地问。

"混账！你这哪里是讨教，分明是在胡闹！"老和尚气不打一处来，额头净是汗。

每个人都难免有不易控制自己情绪的时候，只是有的人成功地给自己的情绪上了把锁，有的人沦为情绪的奴隶，于是喜怒无常。

情绪是一个人内心深处的一种思想情感，每个人都是自己情绪的主人，但有时会受各种因素的影响，情绪往往变得无法控制，如果你能够驾驭自己的情绪，你的人生一定会比别人精彩得多。

应该怎样控制自己的情绪呢？

你也许会因为朋友不守信而生气，你可能因为解题不顺利而烦恼不已，这时你应该尽力抹掉这些盘旋在头脑中的令人讨厌的、不健康的情绪。在每一个清晨，告诉自己今天是一个全新的自己，迅速地抛开所有不快的记忆。

如果你觉得沮丧、气馁或绝望，一定不要计较，不妨痛快淋漓地洗个澡，然后一个人静静地思索、顿悟。请记住：此时，你必须忽略一切令你沮丧的想法和念头，还有一切困扰你的东西。不要让自己纠缠于每一件令人不快的事，不要继续纠缠于过去所犯的错误和令人不快的往昔。你要做的是全副武装地对抗这些情绪，将它们驱逐出去。相信几次之后，你便能和它们告别，让你的心灵沐浴阳光。

转移注意力，也是抚平烦躁、根治不安情绪的一剂良药。当你觉得不快时，试着将你的注意力转移到与这种情绪完全相反的方面上，并树立快乐、自信、感激和善待他人的理念。这样，你就会惊奇地发现，那些困扰你许久的情绪在转眼之间便无影无踪了。

如果你感到疲惫不堪，感到沮丧、郁闷时，你不妨试着去分析原因，你也许会发现，之所以出现这样的情况，主要是因为精力不支，而精力不支的原因或者是由于学习过度、暴饮暴食，在某种程度上违背了消化规律的缘故，或者是由于某种不合常规的习惯在作祟。

你还应该尽可能地融入社会环境中去，多多参与一些娱乐或体育活动。有的人通过听音乐消除了疲惫、沮丧的情绪；有的人则在剧院里，在愉快的谈话中，或者在阅读使人愉快、催人奋进的书籍时，使自己从疲惫、沮丧中恢复过来。

时刻准备着给自己的情绪上把锁吧！千万不要让那些不悦的情绪像心上的暗影紧紧追随着你！

PART 03
《自己拯救自己》：相信品行的魅力

不同的人有不同的命运，没有人可以决定自己的出身，但却可以通过努力来决定自己的命运。当你总是哀叹命运不济时，不妨从抱怨中走出来，试着去改变自己，实行自我拯救。《自己拯救自己》是一本宣扬自助思想的专著，它教导人们如何培养一种自主精神，通过自我奋斗来改变自己的命运。此书自1871年在英国问世以来，便在社会上引起强烈反响，世界上许多国家每年不断重印，在全球畅销130多年而不衰。本书塑造了亿万人民的高贵品行，被誉为"文明素养的经典手册""人格修炼的圣经"。

用恒心与毅力雕琢成功

在《自己拯救自己》一书中，塞缪尔·斯迈尔斯给我们讲述了伯纳德·帕里希凭借着自己的恒心与毅力取得成功的事迹。

法国青年伯纳德·帕里希在18岁时就离开了自己的家乡。按照他自己的说法，那时候的他"一本书也没有，只有天空和土地为伴，因为它们对谁都不会拒绝"。当时，帕里希只是一个毫不起眼的玻璃画师，然而，他怀着满腔的艺术热情。

一次，帕里希偶然看到了一只精美的意大利杯子，他完全被这只杯子迷住了，从此以后，帕里希过去的生活完全被打乱了。他的内心完全被另一种激情占据了：他决心要发现瓷釉的奥秘，看看它为什么能赋予杯子那样的光泽。

此后，帕里希长年累月地把自己的全部精力都投入到对瓷釉各种成分的研究中。他自己动手制造熔炉，但第一次的试验以失败而告终。后来，他又造了第二个，这一次虽然成功了，然而这只炉子既费燃料，又耗时间，让他几乎耗尽了财产。因为买不起燃料，帕里希只能无奈地用普通的火炉。失败对他已经是家常便饭了，但他从来都没有气馁，每次他在哪里失败，就从哪里重新开始。终于，在经历了无数次的失败之后，帕里希烧出了色彩非常美丽的瓷釉。

为了改进自己的发明，帕里希用自己的双手把砖头一块一块地垒起来，建了一个玻璃炉。终于，到了决定试验成败的时候了，他连续高温加热了6天。可是，出乎意料的是，瓷釉并没有熔化，而他当时已经身无分文了。帕里希只好通过向别人借贷买来陶罐和木材，并且想方设法找到了更好的助熔剂。一切准备就绪之后，帕里希又重新生火。但是，这一次直到所有的燃料都耗光了也没有任何结果。帕里希跑到花园里，把篱笆上的木栅栏拆下来当柴火继续烧。木栅栏烧光了，还是没有结果。帕里希把家里的家具扔进了火堆，但仍然没有起作用。

最后，帕里希把餐厅里的架子都一并砍碎扔进火里。奇迹终于发生了，熊熊的火焰一下子把瓷釉熔化了，瓷釉的秘密终于揭开了。

事实再一次证明：有志者，事竟成。

历史上诸多伟人的成功，都是由于他们怀有天赋，领悟品也并非一蹴而就，们的坚忍不拔。纵然力超凡，但他们的作只有经过精心细致的雕琢，反反复复地修改，才有经得起细看的作品诞生。

古罗马的大诗人维吉尔的传世之作《埃涅阿斯纪》是用了21年时间才完成的。俄国大文豪列夫·托尔斯泰的作品

《安娜·卡列尼娜》是他用了整整8年的时间反复构思、反复修改,最终才把一部关于家庭私生活的小说改编成了一部具有鲜明时代特征的社会小说的。亚当·斯密写作《国富论》用了10年的时间,而孟德斯鸠写作《论法的精神》则用了整整25年的时间。

透过这些伟大的作品,我们的确可以体会到作家的艰苦劳动。他们为了完成一部作品,往往要花费几年甚至几十年的心血。如果没有坚强的恒心与毅力,又怎么能克服重重困难,最后取得成功呢?

英国著名的外交官布尔沃说:"恒心与毅力是征服者的灵魂,它是人类反抗命运、个人反抗世界、灵魂反抗物质的最有力的支持,它也是福音书的精髓。"才华固然是我们所渴望的,但恒心与毅力更能让我们感动。

让力量做船、勇气做桨,共同驶向远方

"我可以吗?"你对自己充满怀疑。

很多人都难免有这样的想法,那是因为他们不知道自己拥有巨大的力量。

公元前1世纪,罗马的恺撒大帝统领他的军队抵达英格兰后,下定了决不退却的决心。为了使士兵们知道他的决心,恺撒当着士兵们的面,将所有运载的船只全部焚毁。不给自己的军队留退路,最终他的军队取得了战斗的胜利。

倘若不是断了后路,也许你永远无法发现自己有着如此巨大的力量。

人通常习惯为自己准备着一条退路,其实这非但低估了自己,让自己意识不到自己的力量,更为严重的是,因为心里有着底线,没有将自己放在必胜的立场上,于是,勇气也弱了几分,就像是一只为了保存实力的大公鸡,拿不出最佳的状态,不具备十足的勇气。以这样的精神状态去挑战未来,你的心里或许会怀着几分忐忑的吧。

其实,这并不意味着要你将自己逼上绝境,只是让你明白,想要成功,就一定要具备足够的勇气,而且要意志坚定。

事实证明,成败往往全系于意志力的强弱。具有坚强意志力的人,就会拥有巨大的力量，无论他们遇到什么艰难险阻，最终都能克服困难，消除障碍。但意志薄弱的人，一遇到挫折，便想着退缩，最终必将归于失败。

在这方面也许你深有体会：你很想上进，但无奈意志力薄弱，你没有坚强的决心，因为没有抱着破釜沉舟的信念，于是一旦遇到挫折，就立即投降，不断地后退，最终遭遇失败。

只有下定决心，才能克服种种艰难，去获得胜利，这样也才能得到别人由衷的敬佩。所以，有决心的人，必定是最终的胜利者。只有有决心，才能增强信心，才能充分发挥才智，从而在事业上做出伟大的成就。

"我不是没有决心，可是一旦遇到问题的时候，我还是会变得犹豫不决。"也许你身上还存在着这样的问题。

的确，对很多人来说，犹豫不决成了一个大难题，仿佛已经病入膏肓。这些人无论做什么事，总是瞻前顾后，总是左右摇摆。他们缺少的其实就是一种破釜沉舟的勇气。他们并不知道如果把自己的全部心思贯注于目标是可以生出一种坚强的自信的，这种自信能够破除犹豫不决的恶习，把因循守旧、苟且偷生等成功之敌，统统捆缚起来。

生活中还有人喜欢把重要问题搁在一边，留待以后解决，这其实也是个恶习。如果你有这样的倾向，你应该尽快将其抛弃，你要训练自己学会敏捷果断地做出决定。无论当前问题有多么的严重，你都应该把问题的各方面顾及，加以慎重地权衡考虑，但千万不要陷于优柔寡断的泥潭中。如果你抱着慢慢考虑或重新考虑的念头,你准会失败。即便你的决策有一千次的错误,也不要养成优柔寡断的习惯。

当机立断的人,遇到事情就会迅速做出决策。而优柔寡断的人,进行决策时,总是逢人就要商量,即便再三考虑也难以决断,这样终至一无所成。

如果你养成了决策以后一以贯之、不再更改的习惯,那么在作决策时,就会运用你自己最佳的判断力。但如果你的决策不过是个实验,你还不认为它就是最后的决断,这样就容易使你自己有重复考虑的余地,就不会产生一个成功的决策。

斯迈尔斯曾说:"每个人都生来具有强大的力量。人与人之间,弱者与强者之间,大人物与小人物之间最大的差异就在于他们对自身力量的发挥和利用。一个目标一旦确立,通过奋斗是可以取得成功的。在对有价值的目标追求中,坚忍不拔的意志力才是一切真正伟大品格的基础。"

无数的事实向我们证明了,想要有所成就,不但需要力量,也需要勇气作为后盾,坚强的意志力会让我们无往不胜。

你可以没有天赋,但绝不可以不勤奋

"我聪明,不用那么费力地学习,只有脑子笨的人才会一直捧着书本呢!"

"知道什么是天才吗?天才就是不用费劲地学习还是能取得好成绩的人!"

很多人认为,当一个人拥有了天才的头脑时,成功也就唾手可得,压根用不着勤奋了。事实并非如此。

北宋的时候,有一个小孩叫方仲永,方仲永小时曾被称为"神童"。

方仲永家境十分贫寒,直到5岁,他都没有碰过笔墨纸砚。看到小伙伴欢欢喜喜地去上学,他非常羡慕,于是哭着请求父亲让他读书。父亲无奈,只好借来书,求人指点,让他自学。聪明勤奋的他没过多久不但能读懂书本,还能写诗。秀才们看后很惊讶,并连连称赞。

之后,很多读书人便出题考方仲永,但只要有人给他出题,让他作诗,他都能很快就做出来,而且他的诗思想积极、文采斐然。方仲永渐渐地出了名,成了大家眼中的"神童"。

但是,他的才华仅在13岁时就完全消失了。

原来,方仲永一出名,很多人就渐渐地把方仲永父子当作贵宾接待,许多有名望的学者和绅士也纷纷邀请方仲永到他们家里去做客,还有许多人拿着金钱和礼物专门上方家拜访,请方仲永写作诗文,然后悬挂在自己客厅显眼的地方。从此方仲永便经常跟着父亲一起出入于豪门阔宅中。长时间没有学习,学问没有长进,他的天才也渐渐泯灭了。写来写去还是那几首诗,人们看多了,也就觉得没有新意了。

方仲永的天赋让人惊奇,最后却因为不再学习而无异于众人,这个故事意在说明,即使再有天分,但如果没有勤奋地努力,同样无法取得成就。

米开朗琪罗这样评价另一位了不起的天才人物——拉斐尔:"他是有史以来最美丽的灵魂之一,他的成就更多的是来自于他的勤奋,而不是他的天才。"当有人问拉斐尔怎么能创造出这么多奇迹一般完美的作品时,拉斐尔回答说:"我在很小的时候就养成一个习惯,那就是从不要忽视任何事情。"这位艺术家去世的时候,整个罗马为之悲痛不已,罗马教皇利奥十世为之哭泣。拉斐尔终年38岁,但他竟留下了287幅绘画作品,500多张素描。其中一些绘画作品每一张都价值连城。

或许你觉得这些离自己都太遥远:你并不是什么天才。正因为如此,才更需要加倍的勤奋。拉斐尔具有如此高的天赋,尚且勤奋不息,更何况我们呢,倘若想攀登高峰,没有付出,没有勤奋、没有努力是万万也达不到的。

美国媒体大亨泰德·特纳的老师约舒亚·雷诺德常说:"那些想要超过别人的人,每时每刻都必须努力,不管愿不愿意。他们会发现自己没有娱乐,只有艰苦的工作。"这句话泰德·特纳一直铭记于心,并常被拿来引用。他听了老师的劝告,一直"艰苦"地工作,他不但因为觉得这是他自己喜欢的事情而快乐,还有了丰厚的回报。

美国伟大的政治家亚历山大·汉密尔顿曾经说:"有时候人们觉得我的成

功是因为自己的天赋,但据我所知,所谓的天赋不过就是努力工作而已。"

美国另一位杰出的政治家丹尼尔·韦伯斯特在70岁生日时谈起他成功的秘密说:"努力工作使我取得了现在的成就。在我一生中,从来还没有哪一天不在勤奋地工作。"

另外,据说,拜伦的《成吉思汗》写了一百多遍,因为拜伦一直都感到不满意。

……

所有的这些人,不管是文学家、艺术家还是政治家,他们无不都是勤奋的典型,从他们的身上,我们应该清醒地意识到,你可以没有天赋,但却绝不可以不勤奋。勤奋是"使成功降临到个人身上的信使",所以,尽快地摒弃那些错误的想法,从现在开始,做一个勤奋的人!

PART 04
《向你挑战》：向更高的目标攀登

生活中处处充满着挑战：挑战你的能力，挑战你的思维，挑战你的社交能力……如何让自己在这些挑战中游刃有余，《向你挑战》这本书为我们提供了极大的帮助。

本书的作者是廉·丹佛，他是伟大的演讲家、作家和成功学导师，他的作品被无数人誉为"心灵的圣经"。《向你挑战》就是其中他最具代表力的作品，这是一部与人类命运息息相关的书，在这本书中作者对所处于不同环境、不同阶层的人都倾注了极大的责任心与热情。他其实是想证实在这个世界上的每一个人都有自己特殊的天分，都可以通过自身的努力取得成功。他向我们提出了这样的挑战：做自己的主人，收复灵魂、重塑意志；做世界的主人，在任何情况下都拥有财富与坚守情操。

储存你的领导才干

在小学，很多人都特别羡慕那些胳膊上佩戴"横杠"的人，有的是一条，有的是两条，还有的是三条，不管是几条，在他们的眼里都是荣誉的象征，似乎表示着只有这些人才能够有领导权。

到了中学，胳膊上虽然不再佩戴"横杠"，但每节课喊起立的人仍然成为很多人羡慕的对象。这些人深受老师的喜爱,深受同学们的拥护,不管是学习、劳动还是学校组织的大小比赛,他们总是班级甚至年级和学校的活跃分子,他们一喊口号,往往应声不断。他们领导着整个班级,带领着整个团体,他们的身上无不凸显着领导者的魅力。

走上社会之后,这部分人往往有更强的学习能力、组织能力和人际交往能力,他们更有远见,更能顾全大局,更值得信任,他们更善于组织团队,齐心协力地向着目标进发!

成功似乎更眷顾他们。

很多人有着"领导梦","领导"对他充满了诱惑,因为领导不单单只是荣誉那么简单,它更是对自我能力的挑战。有些人埋怨自己没有天生当领导的才干,其实大可不必,才干不是先天有的,是可以后天培养的,我们可以利用各种条件为自己储藏这些资本,其中包括:

1.拥有语言魅力

中国自古以来崇尚辩术,战国时期苏秦与张仪仅凭一张嘴,说服各国合纵连横,苏秦还身佩六国相印,叱咤风云。这都是因为他们有一副好口才,能说服别人。可见,领导者必须具有强有力的语言表达能力,有一副好口才。

2.宽广的胸怀

正所谓"宰相肚里能撑船",领导者必须有宽广的胸怀。

春秋战国时代,齐桓公依靠管仲最终称霸。

齐桓公名小白,是齐国公子。管仲原来是小白的皇兄公子纠的师傅。齐国的君主僖公死后,诸位王子相互争夺王位,到最后就只剩下小白与公子纠争夺。管仲为了替公子纠争王位,还曾用箭射伤公子小白。最终还是小白回到齐国继承了王位,这就是齐桓公。帮助客居鲁国的公子纠争王位的鲁国在与齐国交战中大败,只得求和。齐桓公要求鲁国处死公子纠,并交出管仲。

消息传出后,大家都同情管仲,因为回齐国他无疑要被折磨致死。于是有人说:"管仲啊!与其厚着脸皮被送到敌方去,不如自己先自杀。"但是管仲只是一笑了之,他说:"如果小白要杀我,当初就该和主君一起被杀了,既然还找我去,就不会杀我。"就这样,管仲被押回齐国。

出人意料的是,齐桓公马上任用管仲为宰相,这连管仲也没有想到。

3.独立性

独立性表现出一个人自己有能力做出重要的决定并执行这些决定,有责任并愿意对自己的行为所产生的结果负责,相信自己的行为是可行的,能产生积极的效果。有这样一个胸怀也是一个领导者领导魅力的体现。

4.果断性

果断表现为善于迅速地明辨是非,及时地采取措施处理一些事情,尤其是一些恶性突发事件。李·雅科卡曾经说过:"如果要我用一个词来概括优秀领导者的特点,那我就会说是果断。"当断不断,就可能使自己处于不利的境地。与果断相反的是优柔寡断,这是缺乏勇气、缺乏信心、缺乏主见、意志薄弱、逃避责任的表现。作为领导者,这是万万要不得的。

5.强烈的自制能力

自制力是指能够统御自己的意愿的能力。在失败、恐惧、压力、倦怠的情况下,领导者需要振作精神,消除由于这些不利因素带来的一连串的连锁负效应。在成功的时候,需要戒骄戒躁,警惕成功之后随之而来的放松和自满。钢铁大王卡内基在没有资金、没有背景、没有接受高等教育的情况下发

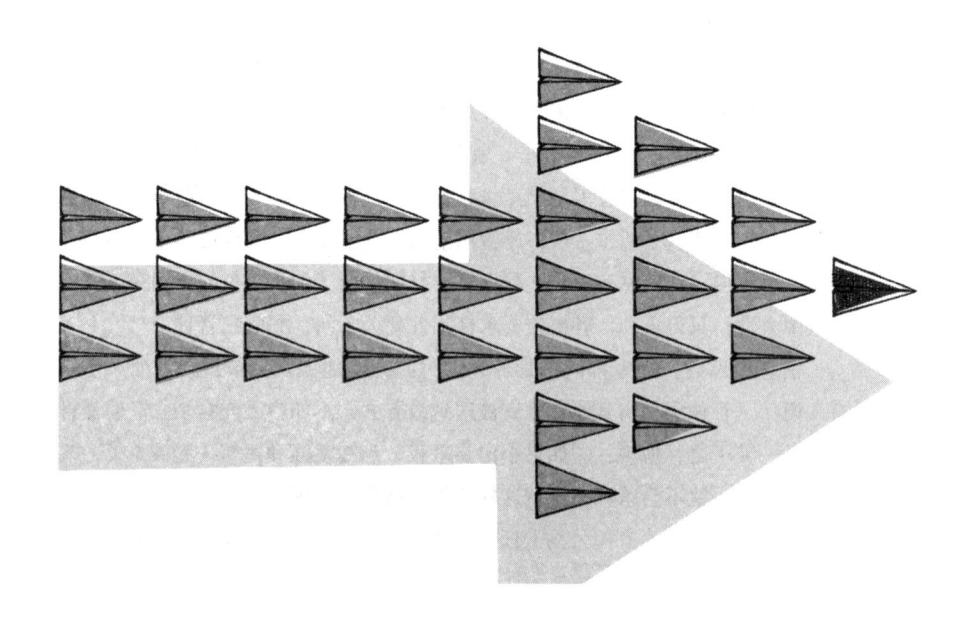

迹，他把自己的成功归功于最重要的一条是自律。能驾驭、运用自己心智的人，可以轻易地获得他梦想的东西。领导者不能被胜利冲昏了头脑，也不能被挫折压弯了腰。在荣誉面前不能飘飘然，在困难面前更应卧薪尝胆。

自我推销帮你迈出成功第一步

不管是参加班干部竞选还是进行社会实践，要想脱颖而出，每个人都必须有自我推销的能力。

也许当你看到"推销"这个词时会觉得诧异，因为在很多人看来，推销似乎针对的只是商品，而推销只是成人的"活计"，其实，事实上并非如此。

你想做班长，你就要列出你认为你可以当班长的优势；你想社会实践，你就要表明你的诚意、你的责任心、学习能力等。我们现在是学生，而有一天总会走上社会，你如何在这个竞争激烈的社会立足，让它接纳承认你，首先，你就需要有一种自我推销的能力。

生活中，我们往往可以看到很多人的能力并不强，可是他却获得了一份很好的工作，有的人虽然满腹才学，却呆板木讷，碌碌无为，这并不难理解，前者之所以能获得不错的工作往往是因为他善于推销自己。生活本身就是一个不断推销自己的过程，这也就要求我们必须学会推销，掌握推销技巧。

1960年，美国大选到了剑拔弩张的时候，在两位主要候选人约翰·肯尼迪和查理·尼克松之间展开了一场非常关键而激烈的电视辩论。

辩论前，很多政治分析家都一致认为肯尼迪处于劣势，因为他年纪轻，名气比较小，而且是一位天主教徒，虽然非常富有但是说话的时候操着浓重的波士顿口音。但是，实际上，美国观众在荧屏上看到的却是一个心平气和、说话很轻松又富有幽默感的肯尼迪先生，面孔十分讨人喜欢。坐在旁边的尼克松却显得饱经风霜，紧张而不自在，据说，就是通过这次电视辩论的对比，肯尼迪因为借机很好地推销了自己，从而赢得了美国大众的喜欢，最终打败了强劲对手尼克松。

那么，为了很好地推销自己，我们应该做些什么准备工作呢？

第一，要了解自己的具体情况。比如通过问自己一些"我是什么样的人""我有什么优点和缺点""我能满足他人什么需要""我最擅长的事情是什么"等问题来了解自己。

第二，要充满自信心。在推销自己的时候，只有充满自信，才具有感染力，才能让对方相信自己的优秀，让对方明白接受你的推销才是当前他最好的选择。

第三，要有沟通表达能力。出众的口才和沟通能力更容易让别人相信你所说的每一句话，从而达到你的目的。平常你可以多和他人沟通，并通过辩论来提高自己的口才。

第四，注意外在形象。你不一定要拥有美丽的外表，但是务必要给人以清爽的感觉。

第五，认识对方。一个人要想成功地推销自己，还要弄清楚对方是谁，判断对方的看法和观点。再根据具体情况见机行事，不能盲目乱来。

此外，还需要掌握推销的要领：

（1）要善于面对面推销自己，并注意遵守下面的规则：依据面谈的对象、内容做好准备工作；语言表达自如，要大胆说话，克服心理障碍；掌握适当的时机，包括摸清情况、观察表情、分析心理、随机应变等。

（2）要有灵活的指向。萝卜青菜各有所爱，对人才的需求也是这样。有时你虽然针对对方的需要和感受去推销自己。仍然说服不了对方，没有被对方接受，那么你就应该重新考虑自己的选择。倘若期望值过高，就应适时将期望值降低一点；还可以到与自己专业技术相关或相通的行业去推销自己。美国咨询家奥尼尔这样说："如果你有修理飞机引擎的技术，你可把它变成修理小汽车或大卡车的技术。"

（3）要有自己的特色，这样才能引起别人的注意。

（4）应以对方为导向。要注重对方的需要和感受，并根据他们的需要和感受说服对方，并被对方接受。

（5）要注意控制情绪。人的情绪有振奋、平静和低潮等三种表现形式。在推销自己的过程中，善于控制自己的情绪，是一个人自我形象的重要表现方面。情绪无常，很容易给人留下不好的印象。为了控制自己开始亢奋的情绪，美国心理学家尤利斯提出三条忠告：低声、慢语、挺胸。

没有人天生就是自我推销的高手，也许你胆小害羞，也许你不善言谈，而自我推销无疑是对你自己的一个巨大挑战，勇敢地向自己挑战吧！

不要犹豫不决，当断不断

挑战自己，有时意味着要改变，尤其是在不好的习惯上。"你能不能快点做决定啊，老是考虑来考虑去，到底在犹豫什么呢？真急人！"朋友等着你做决定，可是你却迟迟给不了答复，这让他焦躁不安。

"到底选哪个答案呢？"考场上，犹豫间，时间不知不觉地溜走了，等到交卷子的时候，你才惊呼："我还没做完！"

"这两个都好看,我都喜欢,可是到底哪个更好呢?"仅仅为了两件相同款式、不同颜色的衣服,你就能站着盯上半天,本来计划好的事情也全都泡了汤。

……

生活中,这样的人不在少数,不管是在学习上还是日常生活中,他永远都是一副不紧不慢的模样,用他的话说就是"我还要考虑一下",他一直都在犹豫。

兵家常说:"用兵之害,犹豫最大也。"实际上,日常做事也是如此。犹豫不决,当断不断的祸害,不仅仅表现在战场上,现代社会的每个角落都处处展现着。

比如在学习上,你很可能因为犹豫而浪费了时间,最后交上一份不完整的答卷,而与梦寐以求的学校擦肩而过;比如在与人交往时,你与一个好朋友发生了误会,而你一直犹豫着是否要和对方重归于好,你的犹豫最后很可能使你们之间的友谊出现破裂;比如在商场上,你很可能因为犹豫就错过了绝好的机遇。机不可失,时不再来,犹豫不决,当断不断,最后在商场上你将注定只会一败涂地,无立身之处。

因此,不管什么时候,一定要斩钉截铁、坚决果断。当然,这里的坚决果断并不等同于武断,而是要在认真分析判断,认准形势、深思熟虑下所做出的决定,这也绝不是心血来潮或凭意气用事。

宋人张泳说:"临事三难:能见,为一;见能行,为二;行必果决,为三。"当机立断的另一方面,并非仅仅指进攻和发展。有时,按兵不动或必要的撤退也是一种果敢的行为,该等待观望时就应按兵不动,该撤退时就要撤退,这也是一种当机立断的行为。

你一定知道"夜长梦多"这一俗语吧。它指的是做某些事,如果历时太长,或拖得太久,就容易出问题。"夜长"了,"噩梦"就多,睡觉的人会受到意外的惊吓,反而降低了睡眠的效果。同样的道理,做事犹犹豫豫,久不决断,也会错失良机。

《史记》中有"兵为凶器"的说法。意思是说,不在万不得已时,不得出兵;但是,一旦出兵就得速战速决。"劳师远征"或"长期用兵",注定结局都会是失败。

拿破仑穷兵黩武，征战欧洲，不可一世，于是后来有了"滑铁卢"之悲剧；希特勒疯狂侵略他国，得到的是国破身亡，主权不保。这都是由于：他们没有认清战争的害处；他们不懂得"夜长梦多"的真正外延。

中国人向来讲究从容自若、慢条斯理的做事态度。即便是大难临头，"刀架脖子上"也能泰然处之。能够做到如此者，才算得上气宇大度的君子。但是，这并不是表明中国人做事就喜欢拖拉，或不善于抓住战机。事实上，中国人在追求和谐、宁静、优雅的同时，无时不在潜心于捕捉机遇。

有一种"无为而治"的政治哲学。从表面上看，它似乎也是优哉游哉的处世信条，但就其内涵，远非字面那么浅显。所谓"无为"并不是单纯的"不为"，而是"阴谋诡计"之极为，它无时不在宁静的外表下进行频繁的权谋术数的操作。打个比方，一个车轮，以无限的速度旋转，似乎就看不到它在旋转了，抑或看到的是倒转，"无为"就是这种状态，"无为"才能"无不为"。

因此，做事不能太犹豫不决，而应快速决断；不要再徘徊、踌躇，做事快而敏捷者才能够成就大事业。

换一种思维，换一片天空

多少人一头钻进了思维的死胡同，最后被思维牢牢地束缚。在为难事一筹莫展的时候，不妨换一种思维，这时你会发现眼前的困难会变得不值一提，心灵的天空也会瞬间变得明亮。曾经有两个同样生产皮鞋的公司，我们暂时称为A公司和B公司，为了寻找更多的市场，两个公司都往世界各地派了很多销售人员。这些销售人员不辞辛苦，千方百计地搜集人们对鞋的各种需求信息，并不断把这些信息反馈回公司。

有一天，A公司听说在赤道附近有一个岛，岛上住着许多居民。A公司想在那里开拓市场，于是派销售人员到岛上了解情况。很快，B公司也听说了这件事情，他们唯恐A公司独占市场，赶紧也把销售人员派到了岛上。

两位销售人员几乎同时登上海岛，他们发现海岛相当封闭，岛上的人与大陆没有来往，他们祖祖辈辈靠打鱼为生。他们还发现岛上的人衣着简朴，几乎全是赤脚，只有那些在礁石上采拾海蛎子的人为了避免礁石硌脚，才在脚上绑上海草。

两位销售人员一到海岛,立即引起了当地人的注意。他们注视着陌生的客人,议论纷纷。最让岛上人感到惊奇的就是客人脚上穿的鞋子。岛上人不知道鞋为何物,便把它叫作脚套。他们从心里感到纳闷:把一个"脚套"套在脚上,不难受吗?

A看到这种状况,心里凉了半截,他想,这里的人没有穿鞋的习惯,怎么可能建立鞋的市场?向不穿鞋的人销售鞋,不等于向盲人销售画册、向聋子销售收音机吗?他二话没说,立即乘船离开了海岛,返回了公司。他在写给公司的报告上说:"那里没有人穿鞋,根本不可能建立起鞋的市场。"

与A的态度相反,B看到这种状况时却心花怒放,他觉得这里是极好的市场,因为没有人穿鞋,所以鞋的销售潜力一定很大。他留在岛上,与岛上人交上了朋友。

B在岛上住了很多天,他挨家挨户做宣传,告诉岛上人穿鞋的好处,并亲自示范,努力改变岛上人赤脚的习惯。同时,他还把带去的样品送给了部分居民。这些居民穿上鞋后感到松软舒适,走在路上他们再也不用担心扎脚了。这些首次穿上了鞋的人也向同伴们宣传穿鞋的好处。

这位有心的销售人员还了解到,岛上居民由于长年不穿鞋的缘故,与普通人的脚型有一些区别,他还了解了他们生产和生活的特点,然后向公司写了一份详细的报告。公司根据这些报告,制作了一大批适合岛上人穿的皮鞋,这些皮鞋很快便销售一空。不久,公司又制作了第二批、第三批……B公司终于在岛上建立了皮鞋市场,狠狠赚了一笔。

同样面对赤脚的岛民,A公司的销售员认为没有市场,而B公司的销售员认为大有市场,两种不同的观点表明了两人在思维方式上的差异。简单地看问题,的确会得出第一种结论。而后一位销售人员却能够及时换一种思维角度,从而从"不穿鞋"的现实中看到潜在市场,并通过努力获得了成功。面对同一个市场,只要换一种思维角度就会看到不同的前景,只要换一种思维,不利的因素也会转换成有利的条件。两个秀才去赶考,路上遇到一口棺材。一个想:今年的赶考又完蛋了,遇到棺材多不吉利。另外一个却想:今年我时来运转了,路上遇到棺材,棺材棺材升官发财。整个考试过程中,两个人的头脑中都在想着棺材的事情。考试结束后,两个秀才都对自己的家人说:"那口棺材真灵。"

仅仅因为换一种思维方式，把问题倒过来看，就能出现截然不同的结果，这绝不是偶然的现象，只要留心，你会发现生活中处处充满了类似的例子。在遇到难题时，换一种思维，往往就能峰回路转，柳暗花明。所以，当思维僵化时，给思维寻找另外一个方向吧！这是对自己的一个大挑战。

第五篇

神奇的
家庭成功法则卷

PART 01
卡尔·威特全能教育法：正确的教育是孩子的福分

卡尔·威特在一出生时是一个白痴，但当小威特长到四五岁时，他在各方面的能力已大大超过了同年的孩子，成为"本地教育史上的惊人事件"。他7岁半时就已远近驰名，10岁左右他已和一些20岁左右的青年一起在大学里学习……那么天才是怎样形成的？卡尔·威特全能教育法将告诉你答案。

孩子失信是父母的错

对孩子的信用教育，往往是品格教育中十分关键但又很容易被忽略的一项，因此，事实上，很多父母自身对于信用也缺乏足够的理性认知和实践上的遵守。撒谎其实是我们在孩子幼年时教他们的，通常是懒得去接电话，最不伤人的谎言是："你就说我不在家。"孩子们对说出的每句话都认真负责，因此我们这种看似圆滑处世的方式，不经意间就成了孩子不诚信做人的反面教案。还有一种做法我们需要提高警惕，那就是一个在日常生活中，家长常常为了诱导孩子做一件事，就轻易许诺，而事后就忘记了。孩子的希望落空了，他发觉家长在欺骗自己，在向自己撒谎。比如，妈妈嘱咐孩子，在家要听话，如果表现好，就赏他甜点心。结果，孩子努力去做，表现得很好，而妈妈星期天有许多应酬，就把日期推后，而且一推再推，最后不了了之。孩子因为妈妈的诺言没有实现感到失望，并因受骗而愤怒。

1.诚信教育关乎孩子的未来

诚信无论对于树立孩子的品格还是对孩子在未来事业和生活上的发展都至关重要。诚信就是实事求是，讲究信用。用通俗的话来说，诚信就是实在、不虚假。诚信是一个人的美德，有了诚信二字，一个人就会表露出坦荡从容的气度。诚信的人，人们就会表现出对他的尊重和喜欢，从而使他从生活中得到更多的关爱。

可能有人会说：从道理上讲，对人诚实是对的，但实际上，会吃亏的。的确是这样，但古往今来，许多事实证明，忠诚老实的人也许一时会受挫，但其高尚情操将永远闪耀着光芒。

受到诚实教育的孩子大多能够开心地、坦然地生活，问心无愧地面对他人，面对社会和人生。反之，不诚实的孩子总承担着较大的心理负担，严重的甚至会影响身心的健康。

2.通过生活小事向孩子渗透诚信观念

在信用遵守中，准时是最基本的内容。有些父母可能会说，我们在对孩子的教育中有那么多无暇顾及的方面，准时这样的小事又何必专门挑出来教导孩子呢？

这种提法是不对的。准时虽是小事，却与孩子许许多多其他方面的能力和品格素质密切相关。想想看，一个连约定的时间都不能遵守的孩子又怎么会信守其他的事情呢？不懂得准时的孩子往往无法形成效率生活的概念，做事容易拖沓懒散。并且，不懂得准时的孩子还常常有很强的自我中心倾向，没有尊重别人的自觉意识，所以在实际生活中的合作能力比较差。此外，不懂得准时的孩子在撒谎和轻易原谅自己不良行为的概率上也要高于那些准时的孩子。

教育孩子信守诺言首先得从自己开始。想想看，一个自己做事都出尔反尔、从不信守诺言的父母，怎么能教育出信守诺言的孩子呢？因此，从父母做起是十分重要的，一点也马虎不得。

教育孩子信守自己的诺言，可以从生活中一点一滴的小事做起。父

母信守诺言是为孩子信守诺言做楷模,孩子一旦失信,提醒孩子要信守自己的诺言是十分必要的,也是可行的。因为,孩子自己也知道,如果这次说话不算数,那么明天就不会如愿以偿了。这是在小事中培养孩子信守自己诺言的方法,在大事情上,也可以运用同样的方法来实行。久而久之,孩子就会变得格外信守自己的诺言了。从小培养将使孩子终身受益。

不良习惯是不良教育的结果

现在有很多家长对孩子的种种不良习惯十分烦恼,在教育上感到困惑,他们总是抱怨"孩子什么时候有了这么多坏习惯啊",其实,出现这种情况的原因大多是由于家长在孩子的早期忽略了良好习惯的培养与训练。也就是说,不良习惯的来源主要是不良家庭教育的结果,我们举一个吃饭这样简单的例子来说明这个问题。

孩子不良进食习惯的形成主要有两个原因,一是小孩子精力不容易集中,如果他正在吃饭时见到新玩具,就想去摆弄,往往也就顾不上吃饭。二是现在许多孩子零食过多,很少有非常饥饿的状态,如果家长不能态度坚决地让孩子先吃饭,久而久之就会养成坏习惯。因此可以说,孩子的不良饮食习惯是家长的迁就造成的。不只是吃饭这个问题,其他坏习惯的养成也一样。

老威特为了培养卡尔良好的学习习惯,严格地规定卡尔的学习时间和游玩时间,培养他专心致志的学习习惯。在卡尔学习功课时,老威特绝不允许有任何干扰。开始时,平均每天给他安排15分钟的学习时间,在这个时间里,卡尔如果不专心致志地学习,就会受到父亲的严厉批评。在学习中,即便妻子和女仆问事,他也一概予以拒绝:"卡尔正在学习,现在不行。"客人来访,老威特也不离开座位,并吩咐道:"请让他稍候片刻。"

在老威特看来,孩子严肃认真、一丝不苟、专心致志的学习态度,是比什么都重要的。

很多孩子整日在书桌旁学习,然而并没有什么成效,这多半是由于不能专心致志造成的。这些孩子只是坐在那里,思绪却早已经飘到了其他的地方,这样的状态,怎么可能学好呢?在老威特看来,与其这样,还不如到外面痛痛快快地玩一会儿，调整好以后，再集中精力学习。

为了让卡尔形成精益求精的良好习惯，老威特严格禁止他马虎了事。他要求卡尔，无论是对学习还是其他爱好，都要做到"精"，并且能认真地将所有事情都做得尽善尽美。比如，在学习艺术的时候，老威特给孩子买了很多名画的复制品，并给孩子讲解艺术家是如何完成这些作品并力图达到完美的。

有一次，老威特和卡尔一起去村上的河边画画，过了一会儿，卡尔把画好的东西给老威特看。老威特不很满意卡尔的作品，于是对卡尔说，你的画没有表现出你想表现的那种神秘的美，还有树的阴影中漂亮的宝石蓝也没画出来。于是，卡尔回去继续画。过了一会儿，卡尔画好了给老威特看，老威特比较满意了，就赞扬了他在哪些方面做得不错，哪些方面还存在缺点，结果孩子又回到那里仔细观察。这样反复几次，卡尔最后一次的作品甚至令老威特有点吃惊，因为卡尔的画确实达到了一定的境界。

正是在老威特的循循善诱下，卡尔的画越来越成熟，越来越接近理想了。

教会孩子与人合作

在孩子的教育问题上，人们普遍认为不宜过早地培养孩子的交际能力。他们的理由是，孩子的心地是单纯、无知的，应该尽力保持住这种可贵的东西。也有人认为，过早地教会孩子处理人际关系会破坏这种可贵的纯真之心，对孩子很有害。

1.人际关系本身并没有错

老威特认为，人类社会是个极其复杂的组合体，对于生活，人们都有各不相同的想法。孩子毕竟有一天要走向社会，去面临生活中的种种问题，如果不学会如何妥善处理人际关系，那么他将寸步难行。

在老威特看来，人际关系原本并不是什么不好的东西，只是现在有许多人曲解了它。只要正确地引导孩子，以合适的方式让孩子对人际关系有正确的认识，那么一定会对孩子的将来大有益处。

2.傲慢是与人和谐相处的最大障碍

在卡尔渐渐长大之后，老威特便开始进一步教他如何和谐地与人相处。对于卡尔这样的孩子来说，要他能够毫无障碍地与他人相处似乎存在着一定的难度，因为他毕竟获得了大多数孩子在这个年龄时没有得到的许多东西，比如学问、名声。我们都知道，有些人之所以能和谐相处，正是因为他们之间没有距离，特别是心理上的距离，而有些人总与他人无法沟通、交流，也正是因为有了这种距离的存在。

人都有虚荣心，卡尔也不例外，自从他的才华得到了别人的认同之后，便开始有了一些变化。他在小伙伴面前表现得很傲慢，处处以高高在上的姿态对待他们，并时时炫耀自己的才能，久而久之，小伙伴们都开始讨厌起他来，最后干脆就不再和他交往了。

老威特看见卡尔已经为自己的傲慢付出了代价，觉得现在可以通过讲道理说明白这件事的实质，便不失时机地开导他："卡尔，你一直是个很不错的孩子，在各方面都取得了优异的成绩，这些的确是你值得骄傲的事。可是，你不要忘了，对于一个优秀的人来说，仅仅拥有能力和知识是不够的，你还需要有许多朋友来关心你、支持你。前一段时间，你由于自己获得了赞誉便开始骄傲起来，总觉得自己比周围所有人都要高明，甚至看不起周围的人。其实，这种心态和做法都是最愚蠢的，因为你在为自己的将来设置障碍。要知道，如果你想在社会中成为真正有作为的人，就必须学会妥当地处理你与他人之间的关系，否则，你会处处碰壁。"

卡尔似乎突然明白了这个道理，他迫不及待地问："那么，我现在应该怎么办呢？"

老威特说："怎么办？这很简单，扔掉你的傲慢心理，以友好的方式对待他人。只要这样做，你一定会赢得别人的尊重，也会有越来越多的朋友。"

从此以后，卡尔再也没有把自己当作"神童""天才"来看待，而是以谦虚的态度对待每一个人。与此同时，他也获得了他人的尊重。

3.从小学习与人合作

卡尔在以后的日子里，一直是个与他人相处很好的人。接触过他的人都说他是一个懂事、很懂得分寸的人。很显然，这也是促使他赢得辉煌人生的原因之一。

在对卡尔的培育过程中，老威特总结了以下一些关于学会与人合作的方法，这些方法都是行之有效的。

（1）多安排孩子与同龄人在一起。

因为同龄人的一举一动是最能与孩子产生共鸣的。父母要利用这一点，尽量创造条件，让孩子与同龄人相处。即使孩子之间发生冲突，父母也要搞清情况，尽量少加干涉。几次吵架之后，孩子们相互就会找到适合自己的"位置"和"角色"，开始快乐地玩到一起了。

（2）鼓励孩子参加特定团体。

孩子7~8岁以后，应该鼓励他们尽可能参加各种类型的团体。在一些有主题的团体中，其成员在个性、兴趣和社会技能方面有可能更加相近，因而孩子们更容易欢乐融洽相处。

（3）自己加入团体，给孩子做个榜样。

如果父母自己消极对待各种成人活动或者勉强加入了"父母—老师协会"，每次开会都抱怨不停，并且嘲笑其他孩子的父母如何无知，那么孩子不可避免地会对协会产生负面印象。

（4）提高孩子的社交能力。

社交能力的培养也需要从孩子抓起。家中来了客人，教孩子如何礼貌待客，什么是彬彬有礼；孩子有了自己的朋友，父母应该爱屋及乌，为他们创造良好的交往条件，比如聚会、郊游、生日活动等。

（5）鼓励孩子与人交往。

孩子的交往活动，是父母不可忽视的内容。如果缺乏同龄伙伴，那么这样的孩子就会缺乏集体主义的意识，步入社会后也会无所适从，或是不尊重他人、自傲、任性，或是封闭自己，自私、孤僻。

父母们不要阻拦或过多参与孩子之间的交往，孩子之间自有一套评价朋友好坏的标准，即使孩子在交往中吃了亏，他自己也会从中吸

取教训。如，有个年龄大的孩子打了年龄小的孩子，或者骗了小孩子一块巧克力吃，下次这个小孩子就学会了自觉防范，"吃了亏"就知道如何保护自己了。作为父母，保护孩子一次、两次，保护不了三次、四次，不如索性放开，让其相互交往。当然父母也要对孩子"心中有数"，要有尺度，把握在一定安全范围内。

另外，老威特还提醒家长，在成长的时候，孩子不仅需要不同的小伙伴，也需要不同的成年人伙伴，因为这些成年人伙伴一方面是孩子学习的榜样，另一方面则能从不同的角度给孩子不一样的关爱。如果孩子能有与各种年龄的成年人自由交往的机会，今后会比较适应经常要与人打交道的成人社会。

PART 02
塞德兹天才教育法：每一个孩子都是天才

塞德兹，哈佛大学大名鼎鼎的心理学教授。在他的教育观念的培养下，他的儿子威廉·詹姆斯·塞德兹成了一名享誉天下的少年天才，他从1岁半就开始接受教育，到3岁时已能自由地阅读和书写了，11岁考入哈佛大学，15岁时作为哈佛大学的优等生毕业，并在18岁时获得了哲学博士学位。那么塞德兹的教育法是什么呢？

片面的教育养俗物

许多人认为学得太多就会达不到良好的效果，因此只让自己的孩子学习一门知识。然而，这种想法是错误的。

在塞德兹看来，各种知识存在着某种相互影响的关系。仅学一门，只能使孩子的视野局限在狭小的范围之中。

片面的教育只能让孩子拼命地学一样东西，将全部的宝贵童年都一门心思地集中一处。这样做的结果当然是能够使其在某一领域取得突出的成绩，但在其他方面他却犹如白痴。

难道这样的孩子能够称得上"天才"吗？其实，这是人们对"天才"一词的误解。

塞德兹以"神童"里斯米尔的例子说明这一问题。

报纸上曾报道了"神童"里斯米尔的故事。这个只有6岁的孩子在绘画方面有超人的天赋,能准确地描绘人体,并对人体结构以及光影有极准确的把握,人们都在纷纷谈论着这个伟大的天才,几乎都异口同声地断定这个孩子将会是一名艺术大师,因为他只在绘画方面有很高的天赋,在其他方面却很平庸,这足以说明他的天赋是天生的。

这件事引起了塞德兹的注意,因为如果是那样的话,他的教育思想将会面临一次打击,因为他的教育思想的核心就是后天的培养,如果这个孩子的才能真是来源于所谓的天赋的话,那么这将是他教育思想的一个反证。

一天,塞德兹以心理学家的身份访问了这个孩子以及他的父亲。

孩子的父亲对塞德兹的到来感到很高兴,一再诚恳地要求塞德兹指导他的儿子。

里斯米尔的"画室"墙壁上挂满了各种画作和装饰品,房间的地板上摆放着各种各样的石膏模型,一幅巨大的人体解剖图高挂在最主要的一面墙上。有一个身材矮小的男孩在画架前坐着,他便是里斯米尔。

孩子的父亲拿出许多参展证书和获奖证书说:"这些都是里斯米尔的。"

这些全是儿童美术大赛的参展证明,有区域性的,也有全国性的。

但塞德兹却发现里斯米尔始终坐在那儿一动不动,两眼无神而茫然地盯着前面的墙壁。

塞德兹奇怪地问这位父亲:"里斯米尔在干什么?"

这位父亲说:"他一定是在思考。"

"思考?为什么一定要以这种方式思考?"

"恕我直言,报纸上的那些报道并不完全真实。他们说我儿子的才能来自于天赋,我可不这样认为。正如您所说的那样,孩子的才能来源于后天的教育,我对此是深信不疑的。所以,我为了让儿子成为一名伟大的画家,一直对他要求很严。你也看见了,他无时不在考虑绘画的事。可以这样说,他的那些成绩完全来自于努力和勤奋。"他解释道。

"那么,除了绘画以外,里斯米

尔还在学习什么?"

"绘画已经占用了他所有的时间,他不可能再学其他的东西。何况,我认为只有用心在一处才能有所成就。既然想成为画家,那么就应该有所牺牲。"

他这样一说,塞德兹才明白了为什么里斯米尔会有那样一种古怪的表情。可以毫不客气地说,他的那种表情完全是白痴的表情。事实上,这个孩子在父亲长期的"强行教育"下,已经变成了只会画画的机器,对其他的事几乎一窍不通。他既不会认字,也不会书写,更谈不上有其他的爱好。里斯米尔所受的教育完全是舍本逐末。塞德兹判定,他不可能成为一个真正的艺术家。

果然,几年后里斯米尔的"天赋"便不复存在了,人们也没有见到他们所期望的这位"天才"有任何的成就,里斯米尔后来真成了一个白痴,一个大脑发育不良的白痴。

外出游玩中激发孩子学习的兴趣

当孩子小的时候,他们最喜爱的事就是能够自由自在地玩耍。有时他很向往一个地方,但还缺乏自己单独出去的能力,做家长的也经常不放心让他单独去。这时候应该怎么办呢?一个最有效的办法就是你经常抽时间带你的孩子到他感兴趣的地方去玩。

也许一些家长会用这样那样的理由为自己没有满足孩子的要求找借口,比如说:"我太忙了,确实抽不出时间。"或是:"我那天不知道因为什么忘了这件事,下次我一定带他去。"无论哪一种借口都是不能成为理由的。有什么比自己的孩子更重要的呢?

兴趣是最好的老师。但兴趣这东西不是天生的,需要后天的培养。小塞德兹从小的学习都是自愿的,如果他不想学,塞德兹肯定不会强行要求他学。况且,每学一样知识,小塞德兹总会觉得快乐,并主动要求学更多的知识。

在一次旅行中,小塞德兹曾毫不费力地掌握了一个物理学原理。

坐在火车车厢里的小塞德兹指着窗外说道:"那些树木在飞快地向后面跑,爸爸。"

"不,那不是树木在向后跑,而是我们坐的火车在向前跑。"塞德兹笑着对儿子说。

"不,我认为我们坐的火车并没有动,而是窗外的树木。"儿子天真地说,"因为我在这儿坐了很久了,但并没有发现火车有什么变化,反而发现外面的东西都变了。这不是说明窗外的东西在动还能说明什么?"

"那么,假如现在你不在火车上而是在窗外的话,你会怎么想呢?"

"这个嘛……"小塞德兹想了想说,"一定是我也会向后跑,就像那些树木一样。"

"你能够跑那么快吗?"

"是呀,我能跑那么快吗?这可有些奇怪了。"小塞德兹充满疑问地说。

"虽然你不能回答这个问题,但我仍然向你表示祝贺。"

"什么?祝贺我什么?"

"你今天发现了一个物理现象,当然应该祝贺你啦。"

"我发现了一个物理现象?"儿子不解。

"你刚才发现的,正是一个参照物的问题。"于是,塞德兹耐心给他讲解,"你之所以说窗外的树木在向后跑,是因为你把火车当成了参照物,也就是说相对于火车来说,树木的确是向后移动了。反过来,如果把树木当成参照物,火车就是向前跑了。"

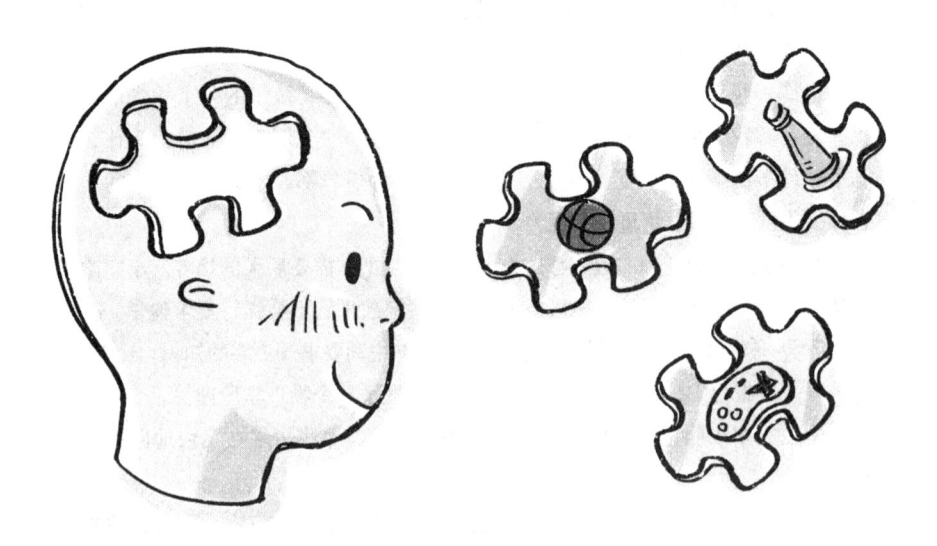

"噢，我明白了。怪不得我会认为火车没有动呢！这是因为我把自己当成了参照物。火车带着我向前行驶，我们一起在运动，当然就不会感到它也在动！"小塞德兹说道。

"那么，把你放在窗外会有什么效果呢？"塞德兹问道。

"嗯，假如我站在窗外的地面上并以我自己作为参照物的话，火车就是运动的了。"小塞德兹回答道，"假如仍然以火车作为参照物的话，我就是和树木一样在向后飞跑了。"

"那么，你能跑那么快吗？"塞德兹又一次问道。

"当然能，因为这是相对的，火车能跑多快我就会跑多快。"

事实上，这样类似的讨论在父子之间发生过许多次。也正是这种看似闲谈般的讨论使小塞德兹在轻松和有趣之中学到了那些在书本上显得极为晦涩的知识。

家长有时间应该多带孩子出去玩，但目的性不能太强，因为有益的影响一般都是潜移默化，而不是强制灌输得来的。如果将孩子的玩和游戏也套上学习的枷锁，那么也就失去了玩的意义。上面塞德兹的做法就是最好的例子。

巧妙解答孩子的疑问

我们不得不正视一个事实，如果我们家长回答孩子的提问时表现出不耐烦的情绪，那么这可能就是造成孩子成绩下降的一个重要原因。因为家长冷漠的表现让孩子觉得自己受到了冷遇，所以越来越不想问问题，越来越不想说话，对很多事情也失去了兴趣，这才导致学习成绩日益下滑。

也许反思过后我们会想，我的孩子还太小，他提的那些问题毫无意义，就算我回答了，对他也没什么用。

认为"孩子的问题根本没有意义"，这样的想法和做法真的很愚蠢，因为你已经不知不觉地压抑了孩子的好奇心以及求知欲，更为严重的是抹杀了孩子最可贵的求知精神。

塞德兹总是认真而耐心地回答儿子提出的问题，并加以引导，决不会像很多父母那样嫌麻烦，应付了事。

一天，小塞德兹手里拿了一本关于达尔文的进化论的少儿读本，书中用生动的笔调描述了生物进化的过程，并且配有极为有趣的插图。

"爸爸，进化论中说人是由猴子变来的，这是对的吗？"儿子问道。

"我不知道是否完全对，但达尔文的理论是有道理的。"

"可是既然人是由猴子变的，那么为什么现在人是人，猴子仍然是猴子？"儿子问。

"你没有看见书是这样写的吗？猴子之中的一群进化成了人类，而另一群却没有得到进化，所以它们仍然是猴子。"塞德兹说道。

"这恐怕有问题。"儿子怀疑地说。

"什么问题？"

"既然是进化论，那么猴子们都应该进化，而不光是只有一群进化。"

"为什么这样说？"

"我觉得另一群猴子也应该得到进化，变成一群能够上树的人。"

"那是不可能的，因为事实上是猴子当中的一部分没有得到进化……"塞德兹说。

"为什么？"儿子仍然不放过这个问题。

看到这里，你可以想象一下，如果你是塞德兹，面对这样没完没了又毫无意义的问题,是不是早已厌倦了?可塞德兹却尽自己所知向他讲明其中的原因:"据我所知,一群猴子由于某种原因不得不在地面上生存,它们的攀缘能力逐渐退化,而又学会了直立行走,经过漫长的进化变成了人类;另一群猴子仍然生活在树上,所以没有得到进化。"

"我明白了。可是为什么要进化呢?如果人能够像猴子那样灵活,不是更好吗?"儿子又开始了另一个问题。

"虽然在身体和四肢上猴子比人灵活,但人的大脑是最灵活的。"塞德兹说道。

"大脑灵活有什么用呢?又不能像猴子那样可以从一棵树跳到另一棵树上。"儿子说道。

"身体灵活固然好,但只有身体上的优势是远远不够的。大脑的灵活才是最重要的,因为只有这样才能创造出文明。"

"为什么要创造文明?"儿子问道。

"因为文明代表着人类的进步。"塞德兹说道。

……

就这样,儿子的问题一个又一个地如潮水般涌来。他的很多问题在成年人看来非常可笑而毫无根据,但即使这样,塞德兹也尽力不让他失望。

用塞德兹自己的话说:其实也并非他的耐心比其他人好,只不过他认识到了认真回答孩子问题的重要性。因为只有这样才能够培养起他追根究底的精神,而不是将这宝贵的品质抹杀掉。

看到小塞德兹的例子,我们家长是不是也应该反省一下自己平时对待孩子问问题的做法呢?想想你的孩子最近是不是不再问你问题了?

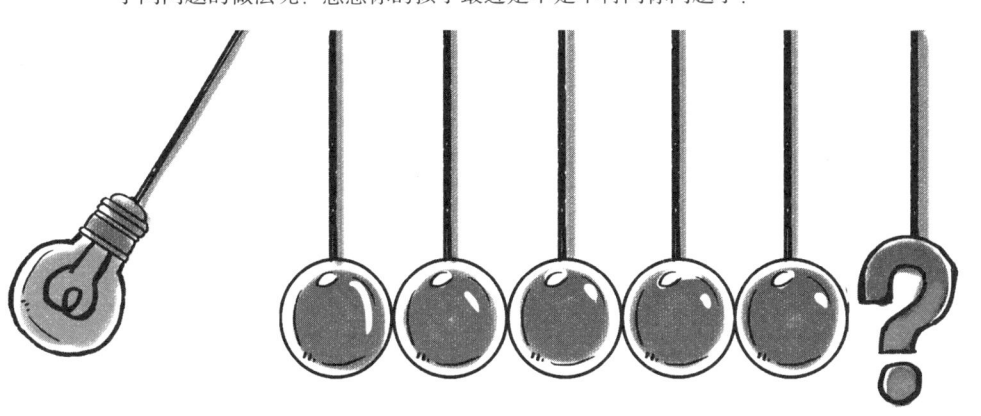

孩子的良好品质来源于教育

父母的教育对孩子品质的形成影响是极大的,人们总是责怪自己的孩子,说他们不听话,缺点太多,甚至说他们糟糕透了,其实,他们不明白,不良的教育只能培养出不良的品质。

塞德兹的朋友哈塞先生认为一个人的才能、智力以及品质都是天生的,而塞德兹却不认同此说法,他认为一个人的才能和品质大多来自于这个人受到的教育。

哈塞先生教育自己的儿子应该成为一个诚实、守本分的人,应该以一颗爱心去对待别人。无论做什么事都要小心谨慎,不能冒没有意义的风险。但塞德兹说:"诚实、守本分固然好,但我认为更重要的是培养孩子的个性和智慧。孩子从生下来起,就开始受环境和周围人的影响。所谓近朱者赤,近墨者黑,孩子的一切包括品质都是从别人那儿学来的。他接触优秀品质的人就会变得优秀,接触品质低劣的人就会变得低劣。"

一个人的品质如何,取决于幼年时期的教育如何。哈塞先生的教育一定会使他的儿子格兰特尔具有一颗爱心,但在某些时候他却拒绝帮助自己的同伴,这就是因为他的内心之中缺少了无私的精神。归根结底,他缺乏的是一种优秀的个性。他是一个规矩和本分的人,就像他的父亲一样,可是这类人在我们周围到处都是。而格兰特尔的这种品质,完全来自于他父亲的教育,因为塞德兹目睹了哈塞先生教育儿子的一件事:

那天,我从外面回来,路过哈塞先生的家门口。我看见他正在训斥他的儿子格兰特尔。

"格兰特尔,你是怎么搞的,把这双刚给你买的新鞋弄坏了。"老远我就听见了哈塞先生的说话声。

"我在与其他的孩子玩的时候……被一颗钉子划了一下……"格兰特尔小心翼翼地回答道。

"被钉子划了一下!"哈塞先生生气地说,"跟你说过不要去和那些孩子瞎闹,你就是不听。把鞋子弄坏了是小事,弄伤了脚怎么办?那会使你变成残废的。"

这时,我看见格兰特尔难过得都要哭出来了,便走上前去。

"哈塞先生，"我笑着向他打招呼，"这是怎么回事？你瞧，我们的小格兰特尔多不高兴呀！"

"他还不高兴？"哈塞先生指了指手中的鞋子，"这个调皮的家伙把刚买的新鞋弄成了这个样子。"

"是吗？"我装出不在意的样子，"我看这没什么问题。一条小小的伤痕并不影响这双鞋的作用和美观。孩子嘛，给他讲清道理就行了，何必那么过于严厉。"我笑着说道。

"不严厉不行，否则他会变得无法无天起来。"哈塞先生说。

这虽然是一件小事，却使我对格兰特尔及他所受到的教育有了一个较为具体的认识。格兰特尔之所以有胆小、自私的表现，都可以归之于他父亲的态度。

哈塞先生对儿子的做法看似合理，却极不明智。首先，在孩子把鞋弄坏之后，他不应该去骂他，而是应用合理的态度教育他以后小心一些。因为孩子弄坏了自己的鞋子，心里一定是很难过的，再加上父亲的责骂，他就更难过，这很容易使孩子陷入自责和不安之中。另外，父亲说钉子会划伤他的脚，会使他成为残废，夸大了这件事的危害，使他产生害怕的心理，这就是导致他胆小的原因之一。更重要的是，哈塞先生说格兰特尔与别的孩子一起玩是瞎闹，这就会使他把这件事的不良结果完全都怪罪到别的孩子身上，他会认为如果不和他们玩就不会有这样的事了，这直接导致了自私这种不良品质的出现。那么下一次呢，他肯定会先考虑自己或自己的利益，然后才去想帮助别人。

PART 03
斯特娜自然教育法：处处有心皆教育

斯特娜是美国宾夕法尼亚州匹兹堡大学语法学教授,毕业于拉德克利夫女子大学。在斯特娜的教育下，她女儿不到1岁半就能看书，3岁起就会写诗歌和散文，4岁时能用世界语写剧本，5岁时能用8个国家的语言说话，在报刊上发表了许多诗歌和散文，在神话、历史和文学方面已达初中毕业的水平……那么她又是采用什么样的教育法呢？

大自然是最好的老师

世界上再没有比大自然更好的老师了，它能教给你无穷无尽的知识。可是非常遗憾，社会上大多数孩子未能好好利用它。斯特娜认为，以大自然为主题，可以向孩子讲述的有趣故事是无穷无尽的。

同时，让孩子接触大自然，不仅可使他们的身体健壮，而且精神也会旺盛起来。

从小生活在农村的人都会有一种感觉，那就是从小就能亲密接触大自然，很小就能叫得出许多植物和动物的名称，知道它们的特性和用途。因为长期接触、观察大自然中的动物和植物，写的作文形象、生动。可生活在城市高楼中的孩子则不同，他们每天的生活几乎被学习填满了，好不容易有个假期，也要被各种各样的兴趣班代替，他们接触自然的时间少，对动物、植物缺乏了解和观察，如果老师布置这类作文，往往无话可说，即使写出几句，也很干瘪，缺乏准确性和生动性。

其实不只是写作文，亲近大自然，本来是人的本性。大自然中的花草树木、虫、鱼、鸟、兽、山川河流、风霜雪雨都能引起孩子的好奇心，城市的孩子因远离大自然，很少呼吸新鲜空气，越来越远离蓝天、阳光、花草、动物等大自然因素，现在城市里的孩子在钢筋混凝土构筑的高楼以及防盗门里，在家长过分呵护和溺爱下，在电视、音响、电子游戏、电脑所制造出来的"狭小空间"中，逐渐丧失了亲近大自然的本性。这犹如在动物园中长大的野生动物一样，失去了自然生态条件，就势必会失去许多野性和本能，而且性格也变得乖张。为此，斯特娜夫人在当时就建议，应当从改造不良少年的经费中拿出一部分钱，把城市的孩子经常带到郊外去接触大自然，这样就可以在一定程度上预防不良少年的产生。这个建议对于当今大都市孩子的教育也是有借鉴意义的。

斯特娜夫人尽可能带着女儿到郊外去，利用实物向她讲述各种有趣的故事，涉及动物学、植物学、矿物学、物理学、化学、地质学、天文学等几乎所有的科学领域。且看看她在书中的记载：

我们经常到郊外去，摘下一朵花，拔下一棵草进行剖析，砸碎一块岩石进行观察，窥视小鸟的窝，观察小虫的生活状况等。维尼夫雷特喜欢用显微镜观察各种东西，同时，还写出了有关各种事物的极其有趣的散文。维尼夫雷特非常喜欢植物，采集的标本堆积如山。她还运用世界语，搜集世界各地的植物标本。还有压花册，这也是通过懂世界语的小朋友采集的生长在各地伟大人物和诗人墓地上的花以及古代战场上的花，经过压制而成的。其中最珍贵的是《奥雕邦花册》。众所周知，奥雕邦先生从事研究的地区是肯塔基州汉德森的附近树林。这个压花册就是维尼夫雷特亲自采集制成的，她在这个树林中获得了有关大自然的各种知识。

开始时她非常害怕青虫，自从告诉她青虫会变成美丽的蝴蝶之后，就不害怕了。我还向她讲述蚂蚁和蜜蜂的生活规律，她对它们的集体生活很感兴趣。她还研究黄蜂和雄蜂的生活，写出了许多散文。

维尼夫雷特现在正在研究甲虫，据她说甲虫有15万多种。而且她自己也要发现新的种类。她博览过有关甲虫的许多书。冬天在野外看不到甲虫时，就到卡内基研究所看着标本进行研究。

斯特娜夫人认为，让孩子搞园艺确实是一种很好的教育方法。她让女儿从小就开始搞园艺，栽培花草和马铃薯等。小维尼非常喜欢做这些事，每天给它们浇水、锄草，观察它们的生长情况，他们感到非常高兴和有趣。

每年夏天她还带女儿到山中过几天野营生活，让她在那里研究自然。并且经常带她到原野去，在草丛中观察野花和小虫。草丛中有歌德所说的《草中小世界》，即各种小虫组成的世界。

维尼夫雷特还养过小鸟。她有两个金丝雀，一个叫菊花，一个叫尼尼达。菊花是许多日本少女喜欢的美名，尼尼达是西班牙语，是婴儿的意思。小维尼教给金丝雀各种玩意儿，它们能随着小提琴歌唱，又能站在手掌上跳舞。维尼夫雷特弹钢琴，小鸟就站在她的肩上，叫它们闭上眼睛，它们就闭上双眼，读书时叫它们翻开下一页，它们就用小嘴翻到下一页。

此外，她还饲养着小狗和小猫。饲养这些动物时，为了调食、喂水，孩子得高度注意，以培养她专注的精神，这样还可以培养孩子的慈爱之心。有人认为饲养动物是危险的，因为动物是传染病的媒介，而斯特娜夫人则认为，只要让孩子注意，是没有什么危险的。

由于饲养了金丝雀和狗，维尼对其他的鸟兽也产生了兴趣。她经常去动物园，研究各种鸟兽的生活状况。结果，她首先写出了《我在动物园里的朋友》这本书，后来，又写出了《和我在动物园里的朋友聊天》一书。

为了使女儿对鱼类感兴趣，斯特娜还在她的房间里养有金鱼和鲫鱼。美国国内的大水族馆，差不多都让她去看过。对于矿物学、物理学、化学、地质学等，也采用同样的方法去教。

为使她对天文学感兴趣，斯特娜夫人让女儿看神话书。同时带她去过许多天文台，并用望远镜观看天体。为此，她同许多天文学者交上了朋友。马温特·罗天文台的拉肯博士说，由于和维尼夫雷特交谈受到了鼓励，才写出了《在头脑混乱之中》一书。

维尼夫雷特能取得后来的成绩是和母亲的这种教育分不开的。家长应该认真向斯特娜夫人学习，相信这样教育孩子的效果会事半功倍。

生活处处是课堂

陶行知说过："生活与教育是一个东西，而不是两个东西。"课堂、生活是密切相连的，不可分割的。

儿童的发展不可能脱离具体的生活，也不可能脱离生活的经验。家长应引导孩子把生活与知识关联起来，建立意义的联系，使孩子在生活中不知不觉地学到课堂上看来枯燥的知识。同时，帮助孩子在生活中发现学习的乐趣和意义。

在多数学生家长，甚至老师的眼中，课堂知识的学习、巩固重于生活中的体验、感悟，逐渐造成了学生"懂"与"会"的分离、"会"与"行"的误区。这无疑是种错误的见解。

为了让孩子认识到学习的意义，学习应该回归生活，解决实践生活中的问题。

家长应该探究从生活中得来的问题，用生活来理解知识，努力使孩子体味到知识与世界万物之间的密切联系。

"两耳不闻窗外事，一心只读圣贤书。"这是旧时代书斋学子的典型写照，然而如果今天的学习继续这样下去，孩子只能对学习越来越反感。

我们应该让孩子的学习材料"生活化"、学习过程"生活化"、学习成果"生活化"。

斯特娜夫人在培养女儿的过程中感到，在所有的学科中，再也没有比数学更难于使孩子感兴趣的了。尽管她曾通过游戏法很容易地教会了女儿数数，并用做买卖的游戏很容易地教会了她钱的数法，然而，当她在教女儿乘法口诀时，却遇到了麻烦：女儿有生以来第一次厌弃学习。由此可见，就是已到5岁左右的孩子，也是不喜欢死记硬背的。尽管斯特娜夫人把口诀编成了歌词供女儿唱，女儿还是不喜欢。

斯特娜夫人很担心，有一次，她向芝加哥的斯他雷特女子学校的数学教授——洪布鲁克女士请教，洪布鲁克女士一语道破了问题之所在："尽管你女儿缺乏对数学的兴趣，但绝不是片面发展，是你的教法不对头。因为你不能有趣味地教数学，所以她也就无兴趣去学它了。你自己喜好语言学、音乐、文学和历史，所以能有趣地教这些知识，女儿也能学得好。可是数学，由于你自己不喜欢它，因而就不能很有兴趣地教，女儿也就厌恶它。"接着，这位杰出的女士十分热情地教给斯特娜夫人一套教数学的方法。斯特娜夫人用这些方法教女儿数学后，效果果然很好。

$2 \times 2 = 4$
$3 \times 3 = 9$
⋮

这位女士的建议首先是让孩子对数字产生兴趣。例如，把豆子和纽扣等装入纸盒里，母女二人各抓出一把，数数看谁的多；或者在吃葡萄等水果时，数数它们的种子；或者在帮助女佣人剥豌豆时，一边剥一边数不同形状的豆荚中各有几粒。

母女俩还经常做掷骰子的游戏，最初是用两个骰子玩。玩法是把两个骰子一起抛出，如果出现6和4，就把6和4加起来得10分。如果出现2和4、3和3，就得6分，这时就有再玩一次的权利。把这些分数分别记在纸上，玩6次或5次之后计算一下，决定胜负。

维尼夫雷特非常喜欢这类游戏。当然，在女儿投入到这种游戏的乐趣之后，她仍按洪布鲁克女士的建议，每次玩游戏不超过一刻钟。因为所有数学游戏都很费脑力，一次超过一刻钟后就会感到疲劳。在这一游戏玩了两三周以后，她们又把骰子改为6个、4个，最后达到了6个。接着，她们把豆和纽扣分成两个一组的两组或三组、三个一组的三组或四组，把它们排列起来，数数各是多少，并把结果写在纸上，然后把这些做成乘法口诀表挂在墙上。这样一来，维尼夫雷特就懂得了二二得四、三三得九的道理。更复杂的游戏可以以此类推地继续做下去，这样不但会使孩子玩得十分高兴，同时也会把学到的很多数学知识加以应用，更对所学的知识加深印象。

为了使女儿将数学知识运用于实际，斯特娜还经常同她做模仿商店买卖情景的游戏。所卖的物品有用长短计算的，也有用数量计算的，还有用分量计算的。价格是按照实际的价格，钱也是真正的货币。斯特娜常常到女儿开办的"商店"买各种物品，用货币支付，女儿也按价格表进行运算，并找给妈妈零钱。当维尼夫雷特学习努力、工作积极或帮助家里干活时，斯特娜就付给她钱。维尼还不断地从杂志社和报社领取稿费，然后把这些钱用自己的名字存入银行，并计算利息。不久，维尼夫雷特就对数学产生了浓厚的兴趣。

为孩子创造声色世界

很多家长都认为智力是天生的。事实上，很多研究证明，儿童早期的智力培养，决定其日后的智力发展。但现在的很多家长并不能真正地开发儿童的早期智力。我们拿与孩子谈话为例,如果父母能认真和幼儿谈话,讲故事给他听,就能对孩子的智力发展产生很大的帮助。但现在很多家长很少跟孩子说话,孩子语汇不足,表达和理解能力就会受到限制。有些家庭习惯不跟孩子说完整的句子,表达也没有条理,甚至在闹哄哄中生活。这样,使孩子的语言能力得不到应有的发展,既而影响了孩子的智力发展。

斯特娜夫人这样描述她对孩子的早期教育:"我从训练五官开始对女儿进行教育,首先使她学会使用耳、目、口、鼻等,因为这些能力只能在使用中发展起来。所以,必须尽早有目的地对小孩的五官进行训练。首先应该发掘耳朵的听力。因为对婴幼儿来说,最重要的是听到母亲轻柔悦耳的歌声,斯特娜夫人由于自己不会歌唱,因此就对孩子朗读诗歌,她朗诵的是《艾丽依斯》,这是威吉尔的诗,结果发现效果很好。在她轻轻地朗读时,小维尼夫雷特很快安静下来,听着听着就睡着了。"这个方法斯特娜夫人后来在别的孩子身上试验过多次,效果都很好。

还在维尼夫雷特才6周时,斯特娜夫人就开始为她朗读英文诗歌。她发现随着语调的变化,孩子也相应地有所反应。斯特娜夫人热爱音乐,而且天才地把颜色和音乐联系在一起,开发小维尼的感官功能。她给七音分别标以不同颜色,在墙壁上用三棱镜制造出美艳的虹光,教授她弹奏乐器。小维尼长大后十来岁自己可以写曲,自娱自乐,陶冶情操。为了使孩子辨认节奏,她还教小维

尼和着诗歌的音节舞蹈。舞蹈可以塑性强身，同时也增强了小维尼对于文学和音乐的通感才能。

斯特娜夫人还向老威特学习，很注意房间雕刻品和装饰画的布置，并给小维尼添置颜色鲜艳的玩具，发展孩子的色彩感觉。对色彩高超的敏感度与一个人的文学潜能有直接联系。擅长绘画的母亲热爱色彩，会让孩子受益良多。

斯特娜夫人为了开发孩子的色彩感，给女儿买来了一个特别的玩具，就是用来检查色盲的"测验色系"，它可以玩多种游戏。她特别希望那些男孩的母亲能够购买这种玩具，因为男孩的触觉和色感相对女孩较迟钝，要是不从小就有意识开发的话，他们的色感会处于非常迟钝的状态。

维尼夫雷特还有各种各样的小球和木片，这些玩具五颜六色，很适宜孩子玩耍，她的布娃娃都穿着色彩鲜艳的服装。斯特娜夫人就是利用这些玩具尽力开发她女儿的色彩感觉的。

蜡笔也是不可缺少的工具。斯特娜夫人经常和女儿做一种"颜色竞赛"游戏。游戏一般是这样进行的：她先在一张大纸上用红色蜡笔画一条 3 厘米左右的线，然后让女儿用蜡笔平行画出一条同样的红色线，接着她用蜡笔在自己的红色线之后接上一条青色线，再让女儿模仿自己用青色蜡笔画出一条线，游戏就这样进行下去。要是女儿没有用和自己线条相同颜色的蜡笔，女儿就输了，游戏就中止。

为了发展她的色彩感觉,斯特娜夫人在女儿能够走路的时候就带着她出去散步,尽量使她注意周围事物的颜色,比如海水、树林、天空的不同色彩。

女儿出生6周,爸爸买来了一些红色的气球,他们把气球绑在她的手腕上面,这样,气球就会随着手的摆动上下飘舞,孩子别提有多高兴了。之后,他们每星期换上另一种颜色的气球。这样一种游戏,能够使孩子得到诸如红的、绿的、圆的、轻的这些概念。

斯特娜夫人对女儿进行训练,没有任何勉强的成分。因为她知道孩子的天性,父母的目的是要使孩子的潜能得以发挥。她进行各种引导,就是为了不使女儿的某种潜在素质被埋没。与此同时,孩子在这样的教育之中,总会有事可干,不会因为闲得无事犯常见的毛病,比如咬手指头、哭叫等。

以上感官的开发使小维尼在学习知识前已蓄势待发,在正式开始学习语言和其他知识时,便如鱼得水。

给孩子建立"品行表"

尽管我们都知道品行的重要性,却不懂得品行在生活中孕育的道理。其实,孩子的日常生活行为与态度,一旦形成习惯,就会成为孩子性格中的一部分,它势必会影响孩子的学校生活、生活习惯、人际交往、品德、意志等各方面的发展,甚至会影响孩子的一生。

如果家长忽视日常生活的教养,疏忽生活教育,不重视品行的培养,那么孩子将不会友善待人,也不会自爱。

人生在世,自己的所作所为必然会得到相应的报答。斯特娜夫人认为,让孩子懂得这一道理非常重要。她就是按着这一原则教育维尼夫雷特的。例如,如果孩子做了好事,第二天早起时,她就能在枕头旁边发现放着好吃的点心。斯特娜会告诉她,这是由于你昨天做了好事,仙女奖赏给你的。假若她做了坏事,第二天早上起来这些东西就不见了。这时斯特娜就告诉她,因为你昨天做了不好的事情,仙女没有来。

孩子脱下衣服,自己不收拾时,就让它一直放到第二天,斯特娜也不收拾，并且决不拿出新衣服给她穿。如果她晚上把发带折叠好，"仙女"就时常给换成新的。如果不好好收拾，就只得戴旧发带。如果她把玩偶丢在床上不收拾好，"仙女"就把它藏起来，使她几天之内不能用这一玩具做游戏。

有一天，维尼夫雷特把一个珍贵的娃娃丢在了草坪上，被小狗给咬坏了。因此，她哭叫着把它拿到妈妈那里。妈妈抱起她，并说真可怜。但是，妈妈决不说给她买新的，还教训她说："把那么好的娃娃放到草坪上，这是多么残忍啊，假若我把你放到野外，被老虎和狮子吃掉的话，做妈妈的该有多么心痛呀！"

还有一次，小维尼要到朋友家去，问妈妈可不可以。妈妈说，可以，并且要她必须在12点半以前回来。但是，那天不知为什么，她12点半没有准点回来，而是过了10分钟才回来。妈妈什么也没说，只是指了指手上的表让她看。孩子知道迟到不对了，道歉说："是我不对！"吃完饭，她就赶紧换衣服，准备去看她们每到星期二就去看的好看的戏剧、电影等。妈妈让她再看看表，并说："今天因时间太紧迫来不及了，戏是看不成了。"于是，她流了眼泪。妈妈只对她说了句："这真遗憾！"但并未采别的手段。妈妈这样做是为了让她知道，妈妈说话是算数的，并且都是为她好。

为了使维尼夫雷特养成良好的品行，妈妈还给她绘制了"品行表"，一周一张，内容有13项：服从、礼节、宽大、亲切、勇敢、忍耐、真实、快活、清洁、勤奋、克己、好学、善行。

如果女儿做了与这些项目相符的行为，就在那天的一栏中贴上一颗金星，反之，则贴上一颗黑星。每星期六数一下，若金星多的话，下周内就可得到和金星数相等的书、发带、鲜果等，如果是黑星多，就不能得到这些物品了。

这个品行表，在星期六统计之后也不准她将其扔掉，这样做是为了

使女儿下决心，在下周消灭黑星。这样做也有利于培养孩子积极的心态，因为如果长期保留黑星，会使孩子感到沮丧。

宽大、亲切、勇敢、忍耐、真实、快活、清洁、勤奋……这些美德是学习成绩、家庭背景、交际关系所无法替代的，是孩子今后成就一切大事的根本素质。家长不妨仿照斯特娜夫人的方法，为自己的孩子量身定做一个"品行表"。

PART 04
斯宾塞的快乐教育：
给孩子一个宽松成长的环境

斯宾塞的教育思想像一道闪电冲击着美、英、法、意等国的教育，特别是在美国，他的教育思想"统治"大学的时间达30年之久。许多家庭和学校都竞相购买他的教育著作，作为培养孩子的指南。他先后获得了11个国家的32个学术团体和著名大学的荣誉称号，并被提名为诺贝尔文学奖的候选人……

是我们扼杀了孩子的学习愿望

无论是在课堂上还是在生活中，我们费尽心思地把我们所能知道的全部知识一股脑儿灌输给孩子，不问他们理解与否，最后发现，孩子们已变得习惯于被动接受，懒于思考。其实，是我们的教育扼杀了他们的好奇心，也扼杀了他们学习的愿望。

著名教育家苏霍姆林斯基说，儿童想要好好学习的愿望是跟他乐观地认识周围的世界，特别是自我认识不可分割的。如果儿童对学习没有一种喜爱，没有付出过紧张的精神努力去发现真理，并在真理面前感到激动和惊奇，那是谈不上热爱知识的……

这种"喜欢、激动、惊奇、紧张"便是好奇的表现。当孩子们好奇心被激起时，便会积极地去思考，主动地去探究真理，学习的兴趣也就产生了。斯宾塞的快乐教育与他的观点不谋而合。斯宾塞认为，是好奇心让孩子自愿学习。

斯宾塞认为，很多孩子对学习敌视，因为他们不明白学习的真正意义。我们来看斯宾塞是怎样教育他的儿子的。

小斯宾塞很小的时候也和现在很多孩子一样对书本根本提不起兴趣。为了提高他读书的兴趣，斯宾塞想了一个绝妙的主意。一天，斯宾塞拿着个沙漏，告诉儿子说，这是古时候的钟表，里面的沙子全部漏下去时，刚好是三分钟。小斯宾塞听说后对这个沙漏很好奇，也想玩玩。这时斯宾塞说，以沙漏为计时器，听爸爸一起讲故事，每次以三分钟为限，看看这个漏斗是不是准确。小斯宾塞很高兴地答应了。但事实上小斯宾塞的注意力全都在这个沙漏上了，根本没有看书，三分钟一到，便跑去玩了。

斯宾塞没有气馁，他一次又一次地和小斯宾塞玩这个游戏。这样数次之后，小斯宾塞的视线渐渐由沙漏转移到故事上了。虽说约定三分钟，但三分钟过后，因为故事情节吸引人，小斯宾塞听得特别入神，他要求延长时间，但斯宾塞坚持"三分钟"约定，不肯继续讲下去。小斯宾塞为了早点知道故事情节，就自己主动阅读了。

这样，小斯宾塞越来越喜欢读书，遇到不认识的字还会主动询问。后来，他又学会了查字典，学会了很多同龄人不会的生字。

当然，后来故事书也远远不能满足他的阅读兴趣了，小斯宾塞开始广泛地阅读更多有用的书籍，对学习的兴趣也越来越浓厚了。

从小斯宾塞的身上我们可以看到，好奇心不是凭空产生的，它是可以培养的，如果要学习的内容就像一壶白开水，没有一点悬念，没有人会对此产生兴趣，真正的趣味学习在于制造悬念，由浅入深。

教育孩子读书就是要勾起他们的好奇心，利用孩子的好奇心，让孩子乖乖地学习，还以此为乐。那么我们应该如何激发孩子的好奇心与学习动机呢？

主要有以下几点：

（1）幽默感：对孩子不要用命令、威胁、说教或斥责的口气，因为这样往往会使孩子产生恐惧而畏缩。给孩子温暖和安全感，然后发现问题并协助他解决问题。

（2）尊重孩子的个别差异：每个孩子天生有其不同的兴趣和爱好，强迫其学习往往会事倍功半。

（3）关爱而非溺爱：家长给孩子的是他所需要的，而不是他所要求的全部。

（4）善用沟通技巧：多跟孩子沟通，孩子的好奇心与学习动机是在他人注意地看他、面带微笑、专心倾听以及同情心的语言沟通过程中被引发的。

让家庭给孩子快乐的力量

斯宾塞认为：不是每个人都能完全改变孩子的境遇，即使父母已经意识到这种不快乐的境遇对孩子的影响。但是，几乎每个父母都可以改变自己的家庭。

家庭环境对于孩子的心智和才能的发挥至关重要。孩子不管遇到什么不快乐的事情，只要回到家中，家庭就应该给予孩子快乐的力量。

我们该如何营造出一种让孩子感到快乐的家庭氛围呢？

1.保持家庭生活的美满与和谐

家庭和睦也是培养孩子快乐性格的一个主要因素。根据有关资料统计，幸福的家庭中成长起来的孩子，成年后能幸福生活的比在不幸家庭中成长起来的孩子要多得多。家庭和睦的一个重要表现首先应该是父母真诚相爱，而且要公开地让孩子们看到这种爱情。父亲要很真实地让他们看到那些细微的关心：在饭桌边为她摆好椅子，逢年过节向他们的母亲赠送礼物，出门时给她写信……

如果一个孩子了解他的父母是相亲相爱的话，就无须更多地向他解释什么是友爱和美善了。爸爸妈妈的真实情感流入了孩子的心田，从而培养他能够在将来的各种关系中发现真挚的感情。当妈妈和爸爸手拉着手散步时，孩子也会和他们拉着手，但如果他们各行其道，孩子便会很自然地跑到一边。

2.人格独立平等

在良好的家庭环境中，家长和孩子的人格应保持平等，父母不应该因子女年纪小，而漠视他在家中的地位。平等是营造良好的家庭氛围的前提。父母、子女任何一方的优越感都会对其他家庭成员造成心理压力，使双方产生心理隔阂。

一个甜蜜的家庭，父母与子女间应该有最好的沟通之道，而且彼此体谅与尊重。父母给孩子自由，同时教孩子对自己的行为结果负责任，使子女能明白权利与义务的关系。

3.给孩子提供决策的机会和权利

快乐性格的养成与指导和控制孩子的行为有着密切的联系。父母要设法给孩子提供机会，使孩子从小就知道怎样使用自己的决策权。

4.父母要教孩子调整心理状态

父母应使孩子明白，有些人一生快乐，其秘诀在于他们有很强的心理素质，这使他们能很快从失望中振作起来。当孩子受到某种挫折时，要让他知道前途总是光明的，并帮孩子调整心理状态，使其恢复快乐的心情。

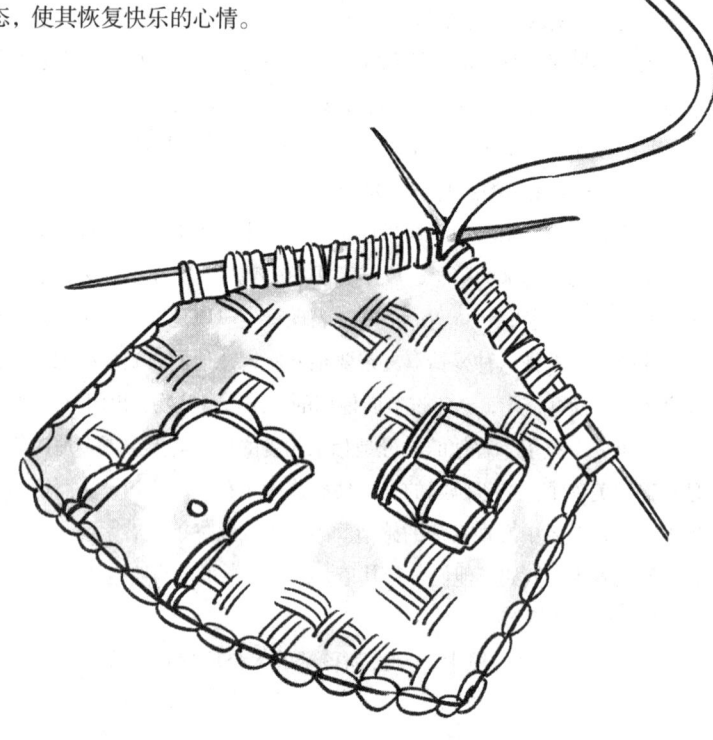

快乐教育的禁区

"别人行,你为什么就不行?"这是许多家长训孩子的口头禅。某女士一说起儿子的学习就特别激动:"我们做父母的舍不得吃、舍不得穿,一心只想孩子好好读书,可他就是不争气。我姐姐的孩子比他还小1岁,学习从来就没让父母操过心!我横看竖看,我们的孩子不比别人差啊,别人行,他为什么不行?"

不少父母老想给孩子树立榜样,拿自己孩子的不足与别人的长处相比较,这是一种盲目的教育心态,父母的这种教育方法容易使孩子产生挫败感,不利于培养孩子的自信心。没有一个孩子愿意承认自己比别人差,他们希望得到大人的肯定,他们对自己的认识也往往来自于大人的评价,而这种肯定式的评价对孩子自信心的培养亦是尤为重要的。父母总是强调孩子比别人差,会使孩子经常自我否定,当孩子遇到困难时就会恐慌、退缩,对孩子的心理造成伤害。

家长要学会欣赏孩子,不要总是拿自家的孩子与别人比较,孩子之间是无法比较的。每个孩子都是自然界最伟大的奇迹,以前没有像他们一样的人,以后也不会有。由此,我们要让孩子保持自己的本色!不论好坏,你都要鼓励孩子在生命的交响乐中演奏属于自己的乐章。这是最大化孩子潜能的重要通道,也是最大化孩子自信的源泉,更是实现孩子人生价值的必由之路。

斯宾塞一生都在提倡快乐教育,他提醒,要实现快乐教育,就必须避免走入下列教育的误区:

1.粗暴尖刻的言语

小斯宾塞有一个同学叫莎拉,他胆子很小,从小生活在爷爷奶奶身边,爷爷奶奶对他呵护有加,日常生活几乎大包大揽地代办,慢慢地,莎拉养成了内向、胆怯的性格。

后来,莎拉开始到父母身边生活,爸爸脾气比较暴躁,莎拉在他面前经常吓得什么都不敢说,不敢做。一天,家里来了客人,爸爸让莎拉给客人倒水,一不小心,茶杯摔在了地上,爸爸当着客人的面劈头盖脸地骂道:"你真是个笨猪!"生性敏感的莎拉羞愧得无地自容。

当天晚上,莎拉做了一个噩梦,看见爸爸恶狠狠地指着他的鼻子,用手指着他的脸。从今以后,莎拉看到爸爸就紧张,越紧张越是出错,每当这时,爸爸都毫不留情地加以训斥。莎拉最后患了恐惧症,每天晚上做噩梦,一点风吹草动都紧张得不行。

莎拉的父母是爱他的,这一点毋庸置疑,但是他们无法控制自己的情绪,常常以粗暴的打骂来发泄情绪。

现实生活中,很多父母常常不注意就挫伤了孩子的自尊,如:"你看看人家邻居的孩子,学习多好啊,你怎么就这么笨呢?""你和你爸爸一样,都是没出息的东西。""你真笨,连这样简单的问题都不会。"

这些言语会严重挫伤孩子的自尊、自信。最可怕的是它还将影响孩子的一生,使他们长大以后心理有缺陷。

2.冷漠和麻木

所有的孩子都希望自己能够引起别人的注意,孩子既愿意得到父母的表扬,也愿意忍受父母的批评,而最不希望自己被父母忽视。

冷漠,对孩子来说是极具杀伤力的行为。在斯宾塞看来,冷漠地对待孩子比打骂孩子更加恐怖。在冷漠的环境中成长的孩子会很容易产生心理异常、心理变态。

3.伤害孩子的自尊心

斯宾塞指出,每一个孩子的心灵世界,是要靠自尊来支撑的。尊严可以带给人自信,也可以改变一个人的命运。

每个人都有自尊,尤其是还未成年的孩子。他们往往因为年龄、阅历的关系更在意别人的话语,尤其是自己的父母。父母无意间说出的许多话,都可以潜入孩子意识当中,而且在孩子的成长过程和成年生活中不断地支配他们的行为。

孩子的自尊心像幼苗,一旦受到伤害,会留下难以愈合的伤口,甚至会影响他的一生。所以父母除了保护孩子的自尊心外,还应该注意培养孩子正常的自尊心理。

倾听孩子的心声

在成年人的世界里,有一种特别受大家欢迎的人,他们在听对方谈话时,无论对方的地位怎样,总是耐心地、专注地倾听,说者自然也就感觉畅快淋漓,受到重视。

我们也曾这样耐心地对待过我们的孩子吗？每当孩子主动向你倾诉时，你可曾放下手中的工作，让他畅所欲言，把心中的郁闷宣泄出来？有时孩子只是一时想不开，过度地焦虑；有时孩子希望有人为他分担一些痛苦。这时候，孩子也许会对父母吐露心事，希望得到父母的支持和鼓励。父母与孩子之间若能彼此倾诉，经常恳谈，问题就会少很多。

斯宾塞认为，不管在什么样的情况下，我们能够倾听孩子说话都是令人高兴的事。你可以想一想，当孩子兴致勃勃说话的时候，父母不但不愿意听，而且还打断他说话，那多让孩子扫兴啊！即使是大人，如果受到这样的对待，也会感到自己不受重视。

现在的孩子大多数是独生子女，都有一种以自我为中心的倾向，加上和同学们的接触有限。父母实际上是与他们交往时间最长的人。如果你的孩子没有和你谈过心，那你就该检讨自身的问题了。如果想让孩子敢跟你谈，你就应该学会认真倾听。

小斯宾塞喜欢在吃晚饭时和爸爸说他们学校、同学以及周边发生的事情：哪个同学被老师表扬了，哪个同学被老师惩罚了；他在田野里发现蝴蝶开始飞舞了；同桌乔治在女同学的书桌里放蟾蜍……小斯宾塞总是滔滔不绝地说着，尽管斯宾塞有时候很忙，需要静下心来想些事情，但对于孩子的话，他还是会饶有兴致地倾听。

最好每周召开一次"家庭会议"，让孩子就一个星期以来发生的事情，说说自己的看法和感想。孩子的情绪得到宣泄的渠道，心理就会比较健康。以后孩子会在自己遇到困难时主动与父母交流，也由此可以避免一些不必要的事情产生。

第六篇

最高明的投资策略卷

PART 01
跟"股神"沃伦·巴菲特学投资

沃伦·巴菲特就好像希腊神话中的迈达斯神,有点石成金术。他的合伙人企业曾连续多年超过道·琼斯工业指数几十个百分点,令华尔街人士目瞪口呆。股东们对他的追随和关注,形成奇特的"巴菲特现象"——他的健康状况会直接影响股市行情的涨落。他被誉为"当代(也许永远是)最成功的投资者"。他手持100美元跻身于投资行业,迄今个人财富已逾数百亿美元,曾一度超越比尔·盖茨,成为美国新首富;他是股东们永远的话题。这位喝着百事可乐却投资可口可乐的奥马哈人,一举手一投足都牵动着华尔街;他的习惯是阅读财务报表,敏锐的市场眼光和坚守诺言是他的成功法宝。

投资要不按"常理"出牌

毛泽东在战争初期已经能够力排众议,确立了"真理掌握在少数人手里"的正确观点,被他的政敌说成是不讲"操守"的人。投资大师巴菲特也有类似的观点和特立独行的习惯,出牌不讲"常理",也是讲求真理掌握在少数人手里。

1. 不预测市场走势

任何对沃伦·巴菲特略有所知的人都知道他对预测的立场是清楚明了的:不要浪费自己的时间,不管是经济预测、市场预测,还是个股预测,巴菲特坚信预测在投资中根本不会占有一席之地。在他投资生涯的四十多年里,他获取了巨大的财富和无与伦比的业绩，他的方法就是投资于业绩优秀的公司，与此同时，避免因推测未来的市场走势而给投资者造成诚惶诚恐甚至是灭顶之灾。

每天对着大盘预测，是一件很无聊的事，巴菲特从来不预测大盘，因为在任何点位预测大盘，都是愚蠢的行为。他说，不要试图预测，市场的真谛在于它的不确定性，预测往往会把个人的情感强加给市场而左右你的操作，要根据走势而不是根据想象交易。要明白，市场永远是对的，错的只是你的交易。市场没有专家，只有赢家和输家。

2.不担心经济形势，不理会股票市场的每日涨跌

巴菲特认为正如人们无须徒劳无功地花费时间担心股票市场的价格，同样的，他们也无须担心经济形势。如果你发现自己正在讨论或思考经济是否稳定地成长，或正走向萧条，利率是否会上扬或下跌，或是否有通货膨胀或通货紧缩，请停止下来吧。巴菲特认为经济原本就有通货膨胀的倾向，除此之外，他并不浪费时间或精神去分析经济形势。

除了不担心经济形势之外，巴菲特还对股票市场的每日涨跌无动于衷，这一点说起来让人难以置信。巴菲特解释说："请记得股票市场是狂癫与抑郁症交替发作的场所。有的时候它对未来的期望感到兴奋，而在其他时候，又显出不合理的沮丧。当然，这样的行为创造出了投资机会，特别是杰出企业的股价跌到不合理的低价时。"

在巴菲特的办公室里并没有股票行情终端机，而且，似乎没有它，巴菲特也觉得无所谓。他认为如果一个人打算拥有一家杰出企业的股份并长期持有，但又去注意每一日股市的变动，是不合逻辑的。最后他将会惊讶地发现，不去持续注意市场变化，他的投资组合反而变得更有价值。不妨做个测验，试着不要注意市价48小时，不要看着计算机、不要对照报纸、不要听股票市场的摘要报告、不要阅读市场日志。如果在两天之后持股公司的状况仍然不错，试着离开股票市场3天，接着离开一个星期。很快地，他将会相信自己的投资状况仍然健康，而他的公司仍然运作良好，虽然他并未注意它们的股票报价。

"在我们买了股票之后，即使市场休市一两年，我们也不会有任何困扰，"巴菲特说，"我们不需对拥有百分之百股权的喜诗或布朗鞋业，每天注意它们的股价，以确认我们的权益。既然如此，我们是否也需要注意可口可乐的报价呢，我们只拥有它7%的股权。"很显然，巴菲特告诉我们，他不需要市场的报价来确认伯克夏的普通股投资。对于投资个人，道理是相同的。当我们的注意力转向股票市场，而且在心中的唯一疑问是"有没有人最近做了什么愚蠢的事，让我有机会用不错的价格购买一家好的企业"时，我们就已经接近巴菲特的水准了。

巴菲特给投资者的忠告：

事实上，人的贪欲、恐惧和愚蠢是可以预测的，但其后果却是不堪设想的。

选择并拥有有能力在任何经济环境中获利的企业；不定期地短期持有股票，只能在正确预测经济景气时，才可以获利。

不要让股市操纵你的投资行动。股票市场并不是投资顾问，它的存在只是为了帮助你买进或卖出股票罢了。如果你相信股票市场比你更聪明，你可以照着股价指数的引导来投资你的金钱。但是如果你已经做好你的准备作业，并彻底了解你投资的企业，同时坚信自己比股票市场更了解企业，那就拒绝市场的诱惑吧。

理性投资人真正的敌人是乐观主义。

3.忽视所谓的多头和空头市场

巴菲特完全忽视所谓空头和多头市场，他所做的仅仅是以他认为合理的价格买进股票。如果股价过高而无法提供足够的投资报酬，那么他就不会买进，每日市场的变动不会影响巴菲特，而且他也不会去考虑这档事。反之，他所思考的是投资哪些企业，并以合理的价格买进。

纵使"多头市场"在反转时也可能涌进大量买盘，而在空头市场，仍有许多公司的股票被贱卖，通常应利用这个大好机会，来寻找投资机会。大家认为空头市场的时候，巴菲特并不会卖出股票套现，也不会袖手旁观而缺乏行动，他眼中看到的都是机会，而其他的投资人满眼都是恐惧。

4.在别人小心谨慎的时候勇往直前

巴菲特是一个众所周知的精明投资者。当巴菲特在20世纪80年代购买通用食品和可口可乐公司股票的时候，大部分华尔街的投资人都觉得这样的交易实在缺乏吸引力。当时多数人都认为通用食品和可口可乐从股票投资的角度来看，是缺乏吸引力的，因为通用是一个不怎么活跃的食品公司，而可口可乐则作风保守。在巴菲特收购了通用食品的股权之后，由于通货紧缩降低了商品的成本，加上消费者购买行为的增加，使得通用公司的盈余大幅增长。在1985年菲利普摩里斯（美国一家香烟制造公司）收购通用食品公司的时候，股价足足增长了3倍;而在伯克夏1988年和1989年收购可口可乐公司之后，该公司的股价已经上涨了4倍之多。

在其他的例子里，巴菲特更展现了他在财务恐慌时期仍然能够毫无畏惧地采取购买行动的魄力。1973~1974年是美国空头市场的最高点，巴菲特收购了华盛顿邮报公司;他在GEICO公司濒临破产的情况下，将它购买下来。他在华盛顿公共电力供应系统无法按时偿还债务的时候，大肆进场购买它的债券;他也在1989年垃圾债券市场崩盘的时候，收购了许多RJR奈比斯科公司（美国一家极大的饼干制造公司）的高值利率债券。巴菲特说："价格下跌的共同原因，是因为投资人抱持悲观的态度，有时是针对整个市场，有时是针对特定的公司或产业。我们希望能够在这样的环境下从事商业活动，并不是因为我们喜欢悲观的态度，而是因为我们喜欢它所制造出来的价格。"

如何用三条老经验打天下

尽管市场一直在变，但巴菲特的投资策略却几乎没有变。当其他投资者和投机者们追随时尚，并被许多深奥的投资方法愚弄的时候，巴菲特一直坚持着他近乎常识性的方法，这个方法帮助他积聚了数十亿美元的财富。他是如何做到的呢？这就是巴菲特的三条"老"经验。

1.把股票当作商业进行分析

巴菲特投资的时候，他看到的不是股票，而是商业。他看股票的时候，飞快地扫一眼价格,并开始分析这项商业的收益。巴菲特逐一分析这些股票是否符合商业准则、管理准则和财务准则,这些准则代表了他的投资分析核心。接下来,他会计算出这些商业的价值。这时,他才去看股票的价格。

这是有助于解释巴菲特投资成功的关键的一点。大多数人只看见股票因素,而巴菲特分析的是全部商业因素。巴菲特独特的商业经历使他具有不同于其他投资者的优势。通过持有和管理多种商业,同时投资于普通股票,他获得了第一手的经验。在他的商业冒险中,他经历过成功,也遭遇过失败,他把这些经验和教训都运用到了股票市场。

这种直接经验带来的洞察力,只有通过实践才能获得,其他专业投资人士没有经历过这种教育。当他们忙于学习资产定价模型、贝塔(β)值以及现代投资组合理论的时候,巴菲特正在研究他的公司的收入报告、平衡表、资本再投资需要以及现金创造能力。

拥有和管理公司给巴菲特带来了明显的益处。但是,这并不是说,采用巴菲特的准则,要获得成功,投资者就必须先管理一家公司。无论是否曾经管理过公司,对所有投资者来说,最重要的是,分析股票的时候,就好像他们确实管理着这家公司。

巴菲特相信,投资者了解公司的方式应当与商人一样,因为从根本上说,他们两者想要得到的东西是一样的。商人希望买下整个公司,而投资者希望购得公司的一部分。如果你问商人,他们购买公司的时候考虑的是什么,你经常得到的答案是:"公司能带来多少现金收益?"财务理论表明,随着时间的推移,公司的价值与其现金创造能力有直接关系。那么,从理论上说,商人和投资者应当了解相同的变量。

"在我们看来,"巴菲特说,"学习投资的学生只需要学好两门课程:如何确定一家公司的价值,以及如何看待公司的市价。"

任何想效仿沃伦·巴菲特的投资方法的人必须学习的第一步是,把股票当作商业,这是首要的,也是最重要的。"任何时候,当我和查理·芒格为伯克夏公司购买普通股票的时候,"巴菲特说,"我们都把交易当作购买私人财产一样处理。我们了解公司的经济前景,了解管理公司的人们以及我们必须支付的价格。"

巴菲特给投资者的忠告:

投资者大多都只看股票价格。他们花费过多的时间和精力去观察和预测股价变化,对股票代表的商业却不甚了解。即使当投资者们估算股票价值的时候,他们使用的也是单因素模型,比如价格—收益比、成本价格、分红收益等。但这些简单的方法并不能说明公司的价值。

2.避免投资过度分散

一个投资者应当买进多少种股票呢?巴菲特会告诉你,这取决于你的投资方法。如果你能对商业进行分析和评价,那么你并不需要很多种股票。作为公司的一个买主,没有任何规定要求你应当拥有主要工业股票以外的别的股票,也没有要求你必须投资40、50甚至100种股票以达到投资分散。甚至现代金融业的高级专家也认为:"包含15种股票的投资组合就已经达到了分散投资的85%,投资30种股票时,比例会上升到95%。"

巴菲特认为,需要广泛分散投资的人是那些根本不知道自己在做什么的人,即一无所知的投资者。如果"一无所知"的投资者想要购买普通股,他们应当运用指数基金和美元成本来平衡他们的买进。实际上,巴菲特说,指数投资者将比大多数投资专业人士表现得更好。他又评论说:"矛盾的是,当'哑钱'认识到它的局限性时,它就不再是哑钱了。"

证券投资组合经理人很难有卓越表现,是因为投资管理的教育和知识水平在不断提高。当越来越多的人掌握越来越多的投资技巧时,少数出类拔萃的优秀人物做出出色表现的机会就越来越少了。他说,要想成为一名超级击球手,投资组合经理人如果其目的是获得超出一般的回报,那么他就必须愿意孤注一掷。事实上,品种少的投资组合获得市场回报率的机会最多。而巴菲特告诉投资者:不要瞄准每一个"机会",要等到合适的机会再出手。这也就是教给我们如何对我们有限的资金做出最佳投资组合而获得最大限

度的收益,而不能过多地做分散投资。

3.理解投资与投机的差异

投资者与投机者的差异在哪里呢?几个伟大的金融思想家,包括约翰·梅内德·凯恩斯、本杰明·格雷厄姆以及沃伦·巴菲特都曾经解释过投资与投机的差异。根据凯恩斯所说:"投资是预测资产未来收益的活动,而投机是预测市场心理的活动。"对格雷厄姆来说,"投资操作就是基于透彻的分析,确保本金的安全并能获得满意的回报。不能满足这个要求的操作就是投机"。

巴菲特相信:"如果你是投资者,你所关注的就是资产——在我们这里是指公司——未来的发展变化。如果你是投机者,你主要预测独立于公司的价格的变化。"

无论这些投资大师具体如何定义投资与投机,他们都同意这种说法:投机者对猜测未来价格感兴趣,而投资者知道未来的价格与资产的经济状况紧密相关,因而主要关注基础资产。如果他们的看法是正确的,那么,显然,今天在金融市场上的主要活动是投机而非投资。

用15%法则买卖股票

巴菲特在购买一家公司的股票之前,他要确保这只股票在长期内至少获得15%的年复合收益率。

为了确定一只股票能否给他带来15%的年复合收益率,巴菲特尽可能地来估计这只股票在10年后将在何种价位交易,并且在测算公司的赢利增长率和平均市盈率的基础上,与目前的现价进行比较。如果将来的价格加上可预期的红利,不能实现15%的年复合收益率,巴菲特就倾向于放弃它。

巴菲特给投资者的忠告:如果投资者以正确的价格来购买正确的股票,获得15%的年收益是可能的,但投资者由于选择了错误的价位,购买了业绩很好的股票却获得较差的收益也是可能的。同样,只要价格选择正确,无论是绩优还是绩劣股都可以使投资者得到超常的收益。大多数投资者没有意识到价格与收益是相关联的:价格越高,潜在的收益率就越低,反之亦然。

为了简单起见,假设在2000年4月你有机会以每股89美元的价格购买可口可乐的股票,并进一步假设你的资产在长期内获得不低于15%的年复合收益率,那么,在10年后,可口可乐的股票大致要卖到每股337美元,才能使你达到这一目标。关键的步骤是如果投资者决定出每股89美元的价格,那么就要确定可口可乐的股票能否带来15%的年复合收益率。要进行这样的测算,需要设定以下几个变量:

1. 可口可乐的现行每股收益水平

截止到2000年4月,可口可乐连续12个月的每股收益为1.30美元。

2. 可口可乐的利润增长率

投资者可以使用过去的增长率来估计将来的增长率,或者运用分析师的一致性增长率估计。

3. 可口可乐股票交易的平均市盈率

不要假定现行市盈率会长期维持下去,这是很重要的。投资者必须通盘考虑在景气阶段和衰退阶段的较高和较低的市盈率,以及处于牛市和熊市的不同的市盈率,因为投资者无法预测10年后的市场状况,因此最好选择一个长期以来的平均市盈率。

4. 公司的红利分派率

在10年间红利将被加到投资者的总收益之中,所以投资者必须估计到一家公司如可口可乐在将来可能分派的红利。如果可口可乐有一个把40%的年收益作为红利的历史,那么投资者就可以预期在下一个10年将会有40%的年收益返还。

投资小结:我们在购买一家公司的股票之前,要确保这种股票在长期内获得至少15%的年收益率。15%是巴菲特要求的最低的收益率,它用来补偿通货膨胀和来自出售股票的不可避免的税收,以及在以后的年份中税收和通胀率上升的风险。

相关看点:收益率计算实例。

一旦掌握了一些数据,投资者就可以计算出几乎任何一家公司股票的潜在收益率。下面以可口可乐公司为例。2000年4月份可口可乐股票的成交价为89美元,而它最近连续12个月的每股收益为1.30美元,分析师们正在预期收益水平将会有一个14.5%的年增长率,我们再假定一个40%的红利分派率。如果可口可乐能够实现预期的收益增长,到2009年每股收益将为5.03美元。用可口可乐的平均市盈率22乘以5.03美元就会得到一个可能的股票价格,即每股110.77美元,加上预期的红利11.80美元,投资者就可能获得122.57美元的总收益。

可口可乐基本面情况：

价格	$89	增长率	14.5%
每股赢利	$1.30	平均市盈率	22%
市盈率	68倍	红利分派率	40%

可口可乐每股年赢利表：

年度	每股赢利
2000	$1.49
2001	$1.70
2002	$1.95
2003	$2.23
2004	$2.56
2005	$2.93
2006	$3.35
2007	$3.84
2008	$4.40
2009	$5.03
合计	$30.79

可口可乐10年后收益率计算表：

10年后获得15%年复合收益率投资者应支付的价格	$360.05
2010年的预期价格	$5.03×22=$110.77
加上预期红利	$11.80
总收益	$122.57
预期的10年年复合收益率	3.3%
获得15%年复合收益率目前应支付的最高价格	$30.30

数据是相当具有说服力的。10年后可口可乐股票必须达到每股337美元（未计算红利），才会产生一个15%的年复合收益率。然而，历史数据显示，到那时可口可乐的价位仅能达到每股110.77美元，加上11.80美元的预期红利，可口可乐的总收益为每股122.57美元，这意味着一个3.3%的年复合收益率。为了实现15%的年复合收益率，可口可乐目前的价格只能达到每股30.30美元，而不是1998年中期的89美元。难怪巴菲特不肯把赌注下在可口可乐股票上，尽管在1999年和2000年早期可口可乐股票一直在下跌。

现金为王

价值投资人在投入具有持续竞争优势的企业的股票后，并不能保证他能获利。他首先要对公司价值进行评估，确定自己准备买入的企业股票的价值是多少，然后跟股票市场价格进行比较。价值投资最基本的策略正是利用股市中价格与价值的背离，以低于股票内在价值相当大的折扣价格买入股票，在股价上涨后以相当于或高于价值的价格卖出，从而获取超额利润。巴菲特称之为"用40美分购买价值1美元的股票"。

价值评估是价值投资的前提、基础和核心。巴菲特在伯克夏1992年年报中说："内在价值是一个非常重要的概念，它为评估投资和企业的相对吸引力提供了唯一的逻辑手段。"可以说，没有准确的价值评估，即使是股神巴菲特也无法确定应该以什么价格买入股票才划算。

总结巴菲特的估值经验，要进行准确的价值评估，必须进行以下三种选择：
一是选择正确的估值模型。
二是选择正确的现金流量定义和贴现率标准。
三是选择正确的公司未来长期现金流量预测方法。

巴菲特的投资策略为：以大大低于内在价值的价格集中投资于优秀企业的股票并长期持有。

如果内在价值用x表示，优秀企业用y表示。

思考的问题转变为选取合适的x和y，使D（x,y）最大。

对不同的行业、不同的时间，评估内在价值的方式也不同。

该投资策略有两点假设:
(1) 市场有时是无效的。
(2) 价格有向内在价值回归的过程,就像弹簧一样。

1.正确的估值模型

杰出的经理人和具有核心竞争力的企业能提高内在价值。那么,如何评估企业的内在价值呢?

巴菲特认为唯一正确的内在价值评估模型是1942年John Burr Willians提出的现金流量贴现模型。

巴菲特在2000年年报中用伊索寓言中"一鸟在手胜过二鸟在林"的比喻,再次强调评估应该采用现金流量贴现模型。要使这一原则更加完整,投资者只需再回答三个问题:

(1) 你能够在多大程度上确定树丛里有小鸟?
(2) 小鸟何时出现?
(3) 无风险利率是多少?

如果投资者能回答以上三个问题,那么投资者就能知道这片树丛的最大价格。

具体来说，如果有一家企业可以持续获得每年20%的投资收益，有两种方法来估算该企业的价值。

可以建立一个未来利润和现金流模型，并把预测的现金流按10%的折现率折现成现值。这种方法在实际工作中很难操作，而且由于想象中的投资回报期经常被夸大，所以容易高估实际价值。

另外可以采用的较好的方法是，把股票当作一种债券来估值。假设市场利率水平保持在10%附近，票面利率为10%的债券通常会按票面价值出售，票面利率为20%的债券则会以两倍于票值的价格出售。例如，按25元发行而每年利息为5元的债券很快就会被买主把价格推高到50元，即翻一番。回报率为20%的股票价格会稍高一些。如同债券一样，股票收益的一部分是现金（即现金股利），剩下部分留存起来。如果留存的赢利还可以保持20%的净资产收益率，它如同创造了一个以票面价格购买收益率为20%的债券的选择权：企业每留存一元钱就会在将来多创造20分的收益或者其价值为2元。

简单地说，留存收益的价值是正常企业收益的两倍。通常情况下，企业留存收益的价值相当于企业增量收益与正常利率水平的比值。计算出的留存收益价值还需再进行折现以计算内在价值。

内在价值＝净收益×可持续的资本收益率／（贴现率×贴现率）

由于我们假定长期贴现率为10%，这相当于说内在价值是收益的100倍再乘以净资产收益率。净资产收益率通常以百分比形式来表示，所以一个实用的记法是：

当证券的市盈率与净资产收益率相等时的市场价值就是它的内在价值。

巴菲特给投资者的忠告：内在价值是一家企业在其余下的寿命中可以产生的现金流量的贴现值。但是内在价值的计算并非如此简单。正如我们定义的那样，内在价值是估计值，而不是精确值，而且它还是在利率变化或者对未来现金流的预测修正时必须相应改变的估计值。此外，两个人根据完全相同的一组事实进行估值，几乎总是不可避免地得出至少是略有不同的内在价值的估计值，这正是我们从不对外公布我们对内在价值的估计值的一个原因。

2.正确的现金流量定义和贴现率标准

巴菲特认为："今天任何股票、债券或公司的价值，取决于在资产的整个剩余使用寿命期间预期能够产生的，以适当的利率贴现的现金流入和流出。"看上去巴菲特使用的内在价值评估模型似乎与我们在财务管理课程学习的现金流量贴现模型完全相同,实际上二者具有根本的不同,这体现在两个最关键的变量即现金流量的计算方法和贴现率的标准选择上的根本不同。

首先,巴菲特认为通常采用的"现金流量等于报告收益减去非现金费用"的定义并不完全正确,因为这忽略了企业用于维护长期竞争地位的资本性支出。

其次,巴菲特并没有采用常用加权平均资本成本作为贴现率,而采用长期国债利率,这是因为他选择的企业具有长期持续竞争优势。

3.正确的公司未来长期现金流量预测方法

价值评估的最大困难和挑战是内在价值取决于公司未来的长期现金流,未来的现金流又取决于公司未来的业务情况,而未来是动态的、不确定的,预测时期越长,越难准确地进行预测,所以即使是股神巴菲特也不得不感叹:"价值评估,既是科学,又是艺术。""无论谁都可能告诉你,他们能够评估企业的价值,你知道所有的股票价格都在价值线上下波动不停。那些自称能够估算价值的人对他们自己的能力有过于膨胀的想法,原因是估值并不是一件那么容易的事。但是,如果你把自己的时间集中在某些行业上,你将会学到许多关于这些行业公司估值的方法。"

如何在价值基础上寻找安全边际

巴菲特40多年投资股票从未亏损,他将自己投资成功的原因归于格雷厄姆的安全边际原则:坚持"安全边际"应该一百年不动摇。

巴菲特给投资者的忠告:理性投资的基石是"安全边际"。投资者在买入价格上留有足够的安全边际,不仅能降低因为预测失误引起的投资风险,而且在预测基本正确的情况下,可以降低买入成本,从而大大提高投资回报。

从1965年到2006年,在与市场42场的漫长较量中,我们把伯克夏与标普500进行对比。其中巴菲特只输了6场,获胜率为85.7%,特别是从1981年到1998年连续18年战胜市场。从上述可以看出巴菲特的成功之道:第一,尽量减少亏损的年度数,投资的第一要务是避免损失,这也是巴菲特极度重视安全边际的根源;第二,尽量增加暴利的年度数,伯克夏有6个年度赢利在40%以上,而标普500却一年都没有。那么暴利来源于哪里呢？暴利来源于安全边际。

所以，巴菲特思想的核心不是伟大公司也不是特许经营权，而是从他老师格雷厄姆那里继承下来的安全边际，也就是当年格雷厄姆对巴菲特说的投资三个原则：第一是不要亏损，第二是不要亏损，第三是遵守第一和第二条。

国内牛市走到现在，可以说并不仅是政策面主导的，更是市场的行为，政策最多只是催化剂。当然如果没有印花税的上调，指数还能向上增长，不断的空翻多可以成立；但纯粹的资金推动性投机什么时候是个头呢？当连续一两周（也许会更长）当日资金净流入无法支撑当日市值增长的时候，股市也就会崩盘。这样的崩盘程度远大于现在几日的下跌，很多这样的教训历历在目。那投资者怎样去克服非理性，掌握足够的安全边际呢？

首先要以价值成长为基础，我们可以以一般行业平均市盈率作为标准，当价格明显消化了当年乃至第二年的业绩增长的时候，我们也就失去了足够的安全边际。这时候不管市场如何火爆，我们也要理性退出。当价格低于价

值的时候,也就是公司市盈率低于行业平均市盈率且年赢利复合增长率超过100%的时候,我们就拥有了安全边际,低得越多,安全边际越大。这时候不管市场如何不景气,我们也可以放心地去投资这类价值成长股。

巴菲特等价值投资大师之所以能够几十年来持续以很大优势战胜市场,最关键的原因在于他们以很大的安全边际买入股票。

增强安全边际的理念可以从3个方面加强:

(1)认真学习分析企业的技巧、阅读财务报告的技巧、识别财务骗术与企业骗术的技巧,增强各个行业运营的知识。尽量寻找未来赢利有很好保障的公司,即使现在的企业景况不佳。

(2)慢慢学会估计企业资产与赢利的真实性、可靠性、未来前景的可靠程度、可靠时间。

(3)结合中国股市的十几年的经历,不要付出过高的价格乘数,价格乘数可以从流通市值与可能的真实资产、真实赢利的比率入手观察。

投资小结:如果我们买入股票的价格大大低于股票的内在价值,那就相当于为我们的投资附加了很大的保险,即使我们对股票内在价值的估计有所偏差,或者市场经过很长的时间后价格才回归到价值水平,我们也能够保证不会亏损,甚至还有相当的赢利。

相关看点:安全边际不仅仅是指安全价格。

巴菲特的安全边际不仅仅是指标的安全价格,巴菲特的暴利来源于自身资金安全边际下的巨大财务杠杆。安全边际的概念不仅仅指投资品选择的安全,更多的在于自身资金的安全边际。

在由于扩张性限制,解散有限责任合伙公司而后收购伯克夏公司,巴菲特又复制了相同的方式。在伯克夏自身基本无负债的情况下,不断收购了保险公司、金融类带有巨大财务杠杆的公司,同时在伯克夏和控股子公司之间建立起自身安全的防线。通过如此的安排极大地降低风险,通过较好的投资保持不断的复利增长产生了今天的股神。

也正是在于自身资金安全边际管理上的不足,才不断地有股神产生又不断地幻灭,而只有巴菲特能成为永恒。

PART 02
跟金融大鳄乔治·索罗斯学投资

乔治·索罗斯也许是有史以来知名度最高和最具传奇色彩的金融大师。他有着与众不同的投资理念、犀利尖锐的投资眼光、魄力十足的处事作风，这些构成了他的独一无二的大师形象。在美国，他享有盛名，是"量子基金"的创立人。1993年，他利用欧洲各国在统一汇率机制问题上步调不一致的失误，发动了抛售英镑的投机风潮，迫使具有300年历史的英格兰银行（英国中央银行）认亏出场。1997年2月，他旗下的投资基金在国际货币市场上大量抛售泰铢，这一行动被视为是牵连极广、至今尚未平息的东南亚金融危机的开端。

从投资目标和基金管理人考察基金

无论是在哪个成熟的证券交易所，买基金都是大多数普通投资者的首选投资方式。但是，市场有几十家基金公司，上百只基金，投资者往往会对如何挑选到适合自己的好基金感到困惑。索罗斯认为，要想找到最好的基金，投资者应该从投资目标和基金管理人两方面对基金进行重点考察。因为这两者从某种程度上来说决定了基金公司的前途。

1.通过基金投资目标选择基金

投资者在决定选择哪家基金公司进行投资时，首先要了解的就是该基金公司的投资目标。基金的投资目标各种各样，有的追求低风险长期收益；有的追求高风险高收益；有的追求兼顾资本增值和稳定的收益。基金的投资目标不同决定了基金的类型不同，不同类型的基金在资产配置决策到资产品种选择和资产权重上面都有很大区别。因此，基金投资目标非常重要，它决定了一个基金公司的全部投资战略和策略。

索罗斯给投资者的忠告：投资者不管投资哪种类型的基金，都可以通过以下几个基本方面来检测基金公司的投资目标是否值得投资。

（1）本金是否安全。

本金安全分成两个方面：一是名义上的安全，即回收时的本金数额与初始投资时的金额相等；二是实际上的安全，即保持本金原有的购买力或价值。尽管基金种类很多，而且投资目标也不一样，但不管投资者投资哪个基金，本金的安全是首先需要保障的，而且投资者应该追求本金实际上的安全。这也是索罗斯和巴菲特两位投资大师之间很少的相似点之一。即使像索罗斯这样具有冒险精神的投资家，在投资时如果投资威胁到本金安全，他也会选择退出。

（2）收入是否稳定。

一般来说，收益稳定的基金比收益大起大落的基金更能获得长期的回报，投资者在投资以前应该考察一下投资基金公司的收益是否稳定，在选择投资基金公司时，不要受到暂时利益的诱惑，应该选择收益稳定的基金公司。

（3）资本是否增长。

如果一家基金公司的资本不断增长，至少说明该基金公司在投资上取得了成功，不管它进行的是高风险、高收益的投资，还是低风险、低收益的投资。投资者应对其予以关注。

证券投资基金管理的目标，就是追求一定风险水准上的收益最大化。目前，证券投资基金的投资目标主要分以下几种情形：

追求资本长期成长的基金。此类基金投资的目标是长期成长，因此，通常会将当期的收益所得注入基金进行再投资，即利息、股息收入以及资本增值部分都被用来再投资。这类基金中，还可细分为最大资本增益型、长期成长型、成长收入型、平衡基金，这些基金在投资目标上大同小异。

追求当期收入的基金。这类基金与追求长期成长的基金不同，它将当前投资获得的股息、利息或资本增益全部发放给投资者，这类基金通常按月或按季度发放红利。由于没有将当期收益进行再投入，因此，这类基金的收益低于上面的长期成长的基金。但投资这种基金风险很小,见利也快。不同的投资者可以按照自己的投资兴趣进行选择。基金公司投资目标不同,形成的投资风格也不一样。

2.通过基金经理看基金的个性指数

基金公司的投资目标表现出了基金公司的个性特点,而基金经理的个性、投资偏好与他们的投资理念紧密相连。因此也是评估基金投资个性的重要因素。

现在以两位投资大师彼得·林奇与索罗斯为例来说明这个问题。

彼得·林奇是富达公司的经理,投资领域的传奇人物。1977年,他接管麦哲伦基金。至1990年,麦哲伦基金的总规模成长了2700%,年复利增长29.2%,换句话说,如果在1977年投资一万美元到该基金的话,到了1990年就可获得高达27万美元的回报。

林奇的投资理念基本上以价值为中心,他认为逻辑是股市投资时最有益的学问,虽然股市的走势经常完全不合逻辑。他比较注重对投资企业的价值量化评估,尽管他也看重企业非量化的内在价值,比如企业的管理能力进一步加强,企业的新产品推出市场等,而且林奇在购买某个企业股票之前,总是对该企业进行非常充分的调查研究,而且他的理论是"10∶1",即在十家企业中筛选一只优质的股票。鉴于这种投资理念,林奇的投资非常谨慎。

而索罗斯与林奇的投资理念完全相反,索罗斯认为世界是不可知的,人类永远无法完全了解世界,在这种世界观的基础上,他提出了著名的反射性理论。简而言之,用一个例子来说明股票的价格与市场的关系就是"我是什么"与"我认为我自己是什么"的关系。这两者之间互相作用,互为因果。因此,索罗斯从不花大量的时间研究经济走势,也不花大力气研读大量的股票分析报告。他往往通过大量学习,看报纸,运用自己的哲学思想,结合分析股市形势,寻找机会。

因此,像索罗斯这样一位基金经理,投资者别指望他能对所买股票的企业进行详细的考察,阅读他们的财务报表，然后进行长线投资，老成持重地等待着最后的大红利。但索罗斯也有他独特的优势，根据他的理论，既然目前的偏向能影响基本面，从而导致市场价格的变化，而市场价格的变化又会进一步影响市场价格，那么只要找到这其中的价格转折点，依据当时形势做空或做多就可在短期内获得巨大的回报。事实上，索罗斯的这套理论帮助他打赢了很多战役。索罗斯善于短线投资，善于抓住某个转折点，大捞一笔。

当投资者了解了这两位经理人的投资理念后，便可以依据自身情况决定是选择麦哲伦基金还是量子基金。

从资产配置上看基金的获利能力

资产配置是基金管理公司在进行投资时首先碰到的问题。投资者可以通过基金公司大体的资产配置，了解一下该基金管理公司投资于哪些种类的资产，如股票、债券、外汇等；基金投资于各大类的资金比例如何。基金管理公司在进行资产配置时一般分为以下几个步骤：将资产分成几大类；预测各大类资产的未来收益；根据投资者的偏好选择各大资产的组合；在每一大类中选择最优的单价资产组合。

前三步属于资产配置。资产配置对于基金收益影响很大，有些基金90%以上的收益取决于其资产配置。基金资产配置在不同层面上具有不同的含义，可以大致分为战略性资产配置、动态资产配置和战术性资产配置。

对于如何根据基金公司的资产配置来推测基金的获利能力，索罗斯认为可以从以下3个方面着手：

1.战略性资产配置

战略性资产配置是根据证券投资基金的投资目标和所在国家的法律限制，确定基金资产分配的主要资产类型以及各资产类型所占的比例。战略性资产配置是实现基金投资目标的最重要的保证，从基金业绩的来源来看，战略性资产配置是首要的也是最基本的源泉。当投资者对该基金管理公司的战略性资源配置有所了解时，大致可以估计到自己的投资资金的未来命运。基金公司一般都会将投资比例公布出来，供投资者监督。

有些基金公司在资源配置上遵循分数投资的策略；有的则相反，遵循集中投资。我们前面提到的彼得·林奇就属于后一类，他在资源配置方面一般选择传统的投资标的进行投资；他的资产配置种类大体以股票、债券为主。而索罗斯则不一样，索罗斯涉及的投资领域比较广泛，不仅是股票、债券，还有股价指数、利率期货、外汇期货等，这些都纳入他的资源配置行列，而且自20世纪90年代起，他将投资的重点转移到金融衍生商品上。投资者如果看好股市，想通过股票获利，那么最好选择林奇经营的基金公司。如果投资者垂涎于外汇市场，那么索罗斯的基金公司则不失为很好的选择。当然，加入索罗斯的基金公司需要大笔资金，对于那些中小投资者来说，主要根据我们所讲的原则进行选择，找到合适的基金公司进行投资。

2.动态资产配置

动态资产配置，有时被称为资产混合管理，指在确定了战略性资产配置后，对资产配置比例进行动态管理，包括是否根据市场情况适时调整资产配置的比例，以及如果需要适时提高资产流动性的话，应该如何调整等问题。

索罗斯给投资者的忠告：

如果投资者了解了基金公司不同的动态资产配置的方式，那么这将会对自己的投资行为大有裨益。

（1）买入并持有策略。

该策略是指在构造了某个投资组合后，在3~5年的适当持有期间内不改变资产配置的状态。买入并持有策略是消极型长期再平衡方式，适用于有长期计划水平并满足于战略性资产配置的投资者。

（2）恒定混合策略。

该策略是指保持投资组合中各类资产的固定比例。恒定混合策略适用于风险承受能力较稳定的投资者。如果基金市场价格处于震荡、波动状态之中，恒定混

合策略就可能优于买入并持有策略。

（3）投资组合保险策略。

该策略是在将一部分资金投资于无风险资产从而保证资产组合的最低价值的前提下，将其余资金投资于风险资产并随着市场的变动调整风险资产和无风险资产的比例，同时不放弃资产升值潜力的一种动态调整策略。

3. 战术性资产配置

战术性资产配置是根据资本市场环境及经济条件对资产配置状态进行动态调整，从而增加投资组合价值的积极战略。大多数战术性资产配置一般具有如下共同特征：

第一，战术性资产配置策略一般建立在一些分析工具基础上的客观、量化过程。这些分析工具包括回归分析或优化决策等。

第二，资产配置主要受某种资产类别预期收益率的客观测度驱使，因此属于以价值为导向的过程。可能的驱动因素包括在现金收益、长期债券的到期收益率基础上计算股票的预期收益，或按照股票市场股息贴现模型评估股票实用收益变化等。

第三，资产配置规则能够客观地测度出哪一种资产类别已经失去市场的注意力，并引导投资者进入不受人关注的资产类别。

第四，资产配置一般遵循"回归均衡"的原则，这是战术性资产配置中的主要利润机制。

如何有效利用"反身理论"

传统的投资价值观认为，市场是有理性的，而索罗斯则认为市场是没有理性的，市场心理是由人的心理造成的，市场参与者的"偏见"往往决定着市场的价格走势。

很多投资人在投资之前总是绞尽脑汁地收集各种资料，分析市场走势，希望能寻求到一种规律，然后进行投资。然而世界上没有相同的两片绿叶，在投资市场上，随时都会出现意外情况，很多投资者发现用以往的经验推断未来发展趋势总是会失败，他们为此感到失望、气恼。特别在经济混乱时期，他们更是无所适从。

索罗斯的"期望决定市场"的观点来自于他著名的反身理论。这个"反身性"也有人翻译成"反馈性"。它的理论含义是：

假设人的行为是y，人的认识是x，由于人的行动一定是由人的认识所左右的，因此，行为是认识的函数，表述为：

y=f（x）

它的含义是：有什么样的认识就有什么样的行为。

反身理论认为人的认识是受客观世界影响的，而客观世界又是与人们的行为紧密相关的。这也就意味着，人的行为对人的认识有反作用，认识是行为的函数，表述为：

x=F（y）

它的含义是：有某一类行为就会有某一类认识。

把上述两个式子合并之后，我们可以得到这样的公式：

y=f（F（y））

x=F（f（x））

这就是说，x和y都是它自身变化的函数——认识是认识变化的函数，行为是行为变化的函数。索罗斯将该函数模式称作"反身性"。它实际上也是一种"自回归系统"。索罗斯同时认为：由于人的认识永远是片面的、不完全的。这种片面和不完全将会逐渐堆积，直到最后走向一个极端。

反映到金融市场上，索罗斯的观点就能这样理解了：由于人的认识永远是片面的和不完全的，因此，人的行为也自然永远不可能是正确的，而人的行为作用于市场永远是错的。既然市场永远是错的，那么当市场达到极点，市场就必然会崩溃。

索罗斯给投资者的忠告：

市场的运行并非是理性的，而且市场的价格也往往有错误，有时并不能真正反映上市公司本身的价值。可传统理论认为，股票价格反映该公司的基本面，是未来收益和股息的贴现。索罗斯认为，这种观点是完全错误的。股票市场价格根本就不是未来收益和股息的贴现，充其量只能说是对未来市场价格的预测。

最重要的基本面存在于未来。股价反映的不是往年的收益、资产负债表和股息，而是将来的收益、股息和资产价值。这些流量无法量化，市场的变化结果也无法量化或精确预期，股票的价格只能是仅供猜测的对象。猜测是资讯和偏见的"混合物"。因此猜测会在股票价格中表现出来，而股票价格则会以多种方式影响基本面。如公司发行股票来募集资本，通过发行期权来激励其管理层。当这些事情发生时，一个双向反身性的互动过程就有可能产生，基本面不再是决定股票价格的变数。

  在这点上，索罗斯指出："在买卖金融工具时，市场参与者不是试图贴现基本面，而是预测完全相同的金融工具的未来价格。基本面与市场价格之间的联系比主流理论所描述的更少，而且市场参与者的偏见起的实际作用也更大。"股票价格与基本面之间的互动关系能够导致自我趋势的加强，使基本面和股票价格都远离根据传统理论中的均衡状态，而把股市带到"远离均衡地带"，引发"从众行为"的趋势出现。索罗斯在运用反身理论预测市场是尝试性的，正确与否在于市场，这种理论能保证预测正确时获利最大化，而错误时损失最小甚至还能获利。索罗斯坚信反身理论可以帮助他指点迷津，认识并走出困境，获得巨大的投机成功。反身理论有一个特点就是以相互关联因素来分析市场，关联因素包括某一市场内在关系，也包括市场之间的关联，因此用反身理论分析市场有两方面内容，即微观经济和宏观经济。理解和接受反身性理论，有利于投资者具备某种哲学视野、战略高度上的优势。在金融运作上，索罗斯以自信而又独特的分析与判断，驰骋金融市场。即使是在市场极其低迷的时期，他也依然坚持头寸，丝毫不动摇。

  关于对金融市场的本质认识，索罗斯有着他独特的观念，在此我们可以一同分享和借鉴。他认为金融市场并非像人们所理解的那样以均衡状态存在，它大起大落极不均衡，性质如随意散步充满了不确定性。如果说索罗斯建立在自省观念上的"市场往往是错误的"的命题，是对华尔街自内而外传统智慧的挑战，那么他关于金融市场本质的结论，可以说是对传统经济学的全面反叛和挑战。索罗斯关于金融市场本质的理论基于如下假设：人们以知性和完整性构建的经济学认为，市场应处于一个确定的均衡状态，然而事实是，人们的愿望不但实现不了，而且市场的不均衡状态常常不期而至。但不均衡状态的出现不能脱离带有偏见的市场主体参与这一事实，离开了市场主体参与这一事实，对市场不均衡状态成因的理解皆是不充分、不完整的。甚至可以认为，出现事与愿违的结果恰恰是偏见主体的行为所造成的，偏见主体的参与是事态的原因，不平衡状态的出现是事态的结果。如果金融市场是处于均衡状态的，那么市场参与者的知性便是完整的，事实证明则相反，因此参与者的知性是不完整的，并且它构成了市场不均衡状态或大起大落的充分条件和重要原因，那种视金融市场为一个均衡状态的流行看法十分不现实。

从市场运行的趋势中把握机会

索罗斯似乎有种超常预知能力，总是能够赶在其他投资者之前把握住市场运行的趋势。他是如何做到这一点的呢？

（1）广泛阅读报纸杂志和公司的年度报告，及时把握经济动向。索罗斯从不花大量时间研究纯粹经济理论和经济政策，也不愿花费精力去研究众多专家的股票分析报告。索罗斯主张，身为一名出色的金融投资家，要在广泛阅读报纸、杂志的过程中，运用自己的哲学思想来形成自己的见解和判断。

索罗斯给投资者的忠告：

股票操作不能随大流，否则要么只是随别人一起赚些小钱，要么跟别人亏大钱。投资者必须对趋势有自己的判断。

一段时间内某一行业或某一股票的趋势或者说命运，并非由下一季度的利润，或者是年出货量的多少来决定。真正有影响力的是广泛的社会、经济和政治的因素。

要想真正成为一名成熟而经验丰富的基金投资者，必须要使用经济基本面分析。索罗斯认为，通过经济基本面分析可以洞察股票指数的真正驱动力。经济基本面分析内涵丰富，主要包括对经济周期、通货膨胀指数、经济活动指标、金融指标、经济增长等诸要素的分析。其中通货膨胀指数通过零售物价、平均收益两个方面来表现，不过，就长期而言，零售物价上涨对股票价格的影响并不很大，而公司平均收益的增加，则表明该公司经济强劲成长。经济活动指标是通过对制造业产量、失业人口、国际收支余额这三个因素的考察，来预测股票的未来走势。金融指标则往往借鉴公共部门借款需求、货币指标、利率、汇率诸因素来确定该国家的经济实力。除此之外，索罗斯认为，经济基本面分析还应该仔细留意上市公司的业务主管的胆识、学识、公司的经营理念、公司所处的国内大气候、公司的业务经营范围动向,等等。

　　索罗斯订阅了30多种商业报刊,凡是涉及各行各业的刊物杂志,索罗斯都要订阅一份,甚至包括一些他还没有涉足的某些行业的杂志。索罗斯每天都深入阅读20～30份公司的年报,同时还会阅读多种多样的杂志。他从多份年报和这些五花八门的杂志中淘金,淘洗出来的不仅是各行各业的最新动态,而且还有那些对自己有启发的、有价值的、潜在的文化、社会、经济资讯,从这些资讯中,他搜寻某个公司经济的"突然的转变",并将这种转变注入潜意识。只要时机一成熟,这些潜在的文化、社会、经济资讯就能快速转变成能让索罗斯确定投资方向的商机。这使得索罗斯比一般的金融投资家能更广泛地了解和掌握市场动向。

　　如索罗斯操作雅芳公司股票,就是从阅读大量化妆品的刊物中获取这方面的资讯的。索罗斯从各种化妆品的杂志中,从文化演变的趋势看到获利良机。早在雅芳的盈余开始急降之前,他便洞悉到人口逐渐老化,化妆品业的营业收入也将大不如前。

　　正如索罗斯所说:"在雅芳的案例中,投资业界很少人了解到第二次世界大战后化妆品业的繁荣已经过去,因为市场趋于饱和,而且小孩子不再用那些东西。"看准商机后,索罗斯基金就以120美元的市价,卖空雅芳股票。接下来这只股票果然开始大跌。两年后,索罗斯以每股20美元的价格买回股票,整个基金总共赚了100万美元。索罗斯从雅芳公司股票所赚取的利润,主要就是从各种化妆品广告中捕捉到的有价值的商机。

　　索罗斯的这种把握先机的方法对购买基金股份的投资人和基金经理非常有借鉴意义,投资者一般没有充裕的时间进行基本面分析,而且有些投资者不具备一些专业知识,基本面分析更无从谈起,但他们平时可以通过各种媒体,比如网络杂志、电视、收音机等了解到很多行业的发展情况,一旦投资人预测到某一行业股票在某段时期的命运后，就会确定自己投资组合的比例。如果投资者看好这一行业的股票，就尽量选择投资这一行业股票数量最大的共同基金。如前面提到索罗斯对电子业股票的预测，如果某位投资者同时也看到了电子业的发展前景，希望投资，那么他应该选择积极成长型基金，因为电子业在当时属于新兴产业，这种类型的基金可能会对此新型产业投资比例较大；如果该投资者在他的投资组合中选择了这种基金，获利将非常丰厚。如果投资者在平时资讯的积累中，看跌某一行业的股票或某只股票，就应当将投资这一行业股票的基金剔出自己的投资组合。

（2）直接到企业调查，挑选符合自己理想的上市公司股票。索罗斯经常同1500多家公司保持密切的联系，以掌握它们的业务记录、产值状况、经营状况、股票行情等。为了更加准确地掌握他们的实际情况，索罗斯和他的助手们直接到企业，调查该企业的经营状况和管理水准，即使在非常繁忙的时候，他也至少要和8家以上的企业主管面对面地谈话，来最终确定是否对该公司实行投资、投多少资。索罗斯认为，只要投资者预测准确，而某一股票的市场与预见的价格相差甚远，那么这就是最能赚钱的股票。因此，索罗斯及其原来的高级助手罗杰斯一旦发觉某种长期性的政策变化和经济趋势对某个行业有利时，立刻预见到该行业将有发展前景，便会痛快淋漓地大笔购买这个行业公司的股票。

（3）寻找不成熟的市场。不成熟的市场是一般投资者不敢触摸的，而索罗斯的观点恰恰相反，"明知山有虎，偏向虎山行"，他偏偏有意专挑这些不成熟的市场来投资。索罗斯的意图很明显，因为这些不成熟的市场意味着巨大的上升空间和几何倍数的反弹利润。他在挑选这些不成熟的市场时，也并不是随意乱挑，而是经过了详细的市场调查，确保"这些市场必须是前景看好的"。所谓"前景看好"，索罗斯认为，必须是"在十几个月后，能把其他的投资者吸引过来"。如果前景不看好，不管多么巨大的资金投入都会赔光；如果在十几个月后，不能吸引住其他的投资者，那么投进去的本金别说赚钱，即使赚了钱，也不便于把资金抽出来，这实际上就等于亏损了。

PART 03
非凡的投资天才
——吉姆·罗杰斯

吉姆·罗杰斯——国际著名的投资家和金融学教授。1970年，罗杰斯与金融大鳄索罗斯共同创立了量子基金。1980年，37岁的吉姆·罗杰斯决定退休并离开量子基金，兼任哥伦比亚大学商学院的教授，讲授金融课程，并在世界各地做媒体评论员，同时，成为一名环球旅行家。其后罗杰斯倾心于商品期货市场，1998年按照他的投资理念创立了罗杰斯国际商品指数，与该指数挂钩的罗杰斯国际原材料基金于2001年11月正式开始交易，成为2004年全球回报率最高的指数基金。

如何抓住冷清的市场中的投资机会

1984年，罗杰斯在奥地利的投资是一次惊人之举。他抱定信念，认为在维也纳投资股票的大好时机来了。当时奥地利的股票市场非常不景气，几乎只是23年前，也就是1961年的一半水平。当时许多欧洲国家都通过刺激投资来激励它们的资本市场。罗杰斯认为奥地利政府也正在准备这样做。他相信，欧洲的金融家们正在密切注视奥地利的情况。为了了解这座陌生的奥地利前首都的情况，他到奥地利的最大银行的纽约分理处，向那儿的经理打听如何才能投资奥地利的股票。他们的回答是："我们没有股票市场"。作为奥地利最大的银行，竟然没有人知道他们国家有一个股票市场，更不知道该如何在他们国家的股市上购买股票，实在令人匪夷所思。1984年5月，他亲自去了奥地利，在维也纳进行了一番调查。在财政部，他向人询问有没有政治派别或其他的利益集团反对放开股票市场和鼓励外国投资。当得到答案是没有时，他觉得不能错过时机。罗杰斯在奥地利的交易市场一个人也没见到，那里死一样的静寂，一周只开放几个小时。

在信贷银行的总部，他找到了交易市场的负责人奥托·布鲁尔。在这个国家的最大银行里，他一个人操纵股票，甚至连秘书都没有。看到这种情形，罗杰斯觉得自己简直就是一个暴发户。当时的奥地利只有不到30种股票上市，成员还不到20人。然而在第一次世界大战以前，奥地利的股票交易市场上有4000人，是那时中欧最大的，市场交易额也占头份，和今天的纽约和东京差不多。

罗杰斯在奥托的带领下见到了当时主管股票市场的政府官员沃纳·梅尔伯格，他向罗杰斯保证，国家的法律将会有所变动，以鼓励人们投资股票市场，因为政府已经意识到他们需要一个资本市场。政府的具体做法是：降低红利的税金。也就是说如果投资者将红利投入到股市中，将享受免税待遇，并且政府为福利基金和保险公司在股市中入股进行了特殊规定，这也是以前没有过的。其他已经这样做的国家，都取得了显著的成效。另外就地理位置而言，奥地利实际上就是德国的一个郊区。假如这里的市场开始启动，德国人会把它炒得火热。所有这些详细的调查，促使罗杰斯在奥地利投下了他的赌注。

罗杰斯给投资者的忠告：

如果你对一个国家有信心，就应该购买交易市场中所有像样的股票。如果你再经营有力，这些股票都会升值的。

在奥地利，当时资产负债表显示状况良好的公司罗杰斯都入了股：一家家庭装修公司、一些金融和产业公司、银行，还有其他建筑公司和一家大的机械公司。几个星期后，罗杰斯在一家报纸上陈述了应该投资奥地利的理由。于是人们从四面八方打来电话要求买进奥地利的股票。那一年奥地利的股票市场上涨了125%，以后上涨得越来越多。

有人说是罗杰斯撼动了奥地利这一沉寂的股票市场，唤醒了一个睡美人。到1987年春天,罗杰斯将他在奥地利的股份全部售出时,股市已上涨了400%或500%。罗杰斯曾一度被称为"奥地利股市之父"。

尽早树立正确的投资理念

　　罗杰斯天才的投资生涯可以追溯到他5岁时。他从父亲那里学会了拼命工作,弄明白了不管想要做出什么,都要付出努力去实现它。5岁那年,他得到了第一份工作,在棒球场上捡空瓶。1948年,他获得了在少年棒球联合会的比赛中出售饮料和花生的特许权。在那个很缺钱的年代,他父亲借给了他6岁的儿子100美元,用来购置一台花生烘烤机。罗杰斯说:"这笔贷款是我步入生意场的启动资金。"5年后,他用所赚的钱还清了贷款,并且在银行存了100美元,对一个11岁的孩子来说已相当富有了。他和父亲一起用这100美元到乡下去做投机生意,把这些钱买了价格正日益飞涨的牛犊。并出钱让农民饲养这些牛犊,希望次年出售并卖个好价钱。由于买点太高,这次投机失败了。直到20年后,罗杰斯才从书本上明白失败的原因,由于朝鲜战争使他们在牛犊上的投资被战后价格的回落吞噬得一干二净。

　　也许是幼小时的投资经历在他的脑海中留的印象太深,他一直认为学经济的最好办法是投资做生意。他在哥伦比亚经济学院教书时,总是对所有的学生说,不应该来读经济学院,这是浪费时间,因为算上机会成本,读书期间要花掉大约10万美金,这笔钱与其用来上学,还不如用来投资做生意,虽然可能赚也可能赔,但无论赚赔都比坐在教室里两三年,听那些从来没有做过生意的"资深教授"在此大放厥词地空谈学到的东西要多。尽管如此,罗杰斯的课讲得还是非常棒的。沃伦·巴菲特曾参加过他的一个班,巴菲特说:"那是绝对令人激动的⋯⋯罗杰斯正在重复着本·格雷厄姆多年前的工作——将真实的投资世界带入教室。"

　　罗杰斯给投资者的忠告:

　　投资应以整个国家为赌注。如果确定一个国家比众人相信的更加有前途时,就应在其他的投资者意识到之前,先把赌注投入到这个国家。

现在"已经退休"的罗杰斯，管着他自己的钱，他说："每个人都梦想着赚很多的钱，但是，我告诉你，这是不容易的。"他将他的很多成功都归于勤奋。当他还是一个专职的货币经理时，他就说："我生活中最重要的事情是工作。在工作做完之前，我不会去做任何其他事情。"当他和索罗斯合作时，他住在里佛塞德大道一所漂亮的富有艺术风格的房子里，每天骑自行车去哥伦市环道上的办公室，在那儿，他不停地工作——10年间没有休过一次假。

罗杰斯的整个一生，从耶鲁到哈佛再到华尔街，先后学习了地理、政治、经济，并钻研了历史，他相信这些学科是相互关联的，他把所学到的知识都用到了全球证券市场的投资上。他一直在等待时机，密切注意着一些国家及其投资市场，随时准备行动，寻求那些可以把他的投资翻两番、三番、四番的地方。

罗杰斯对投资价值的判断

罗杰斯通过调查、旅行，依靠渊博的历史、政治、哲学及经济学知识对不同国家进行分析，判断出所要投资国家及股票行业的风险和机会。

他的主要判断准则有以下5个方面：

（1）这个国家鼓励投资，并且比过去运转得好，市场开放，贸易繁荣。

（2）货币可以自由兑换，出入境很方便。

（3）罗杰斯认为，21世纪的最显著特点是人口、货物、信息和资本的流动性将大得惊人。

（4）这个国家的经济、政治状况要比人们预想得好。

（5）股票便宜。

罗杰斯给投资者的忠告：

21世纪经济学的主题将是通过货币兑换实现资本控制，只有当市场是自由的，脱开了任何束缚，本国货币具备合理的价值时，人们才会自然而然地开始动作。拉美人走在非洲人前面的原因就是货币自由兑换。

致富的关键就在于正确把握供求关系，华盛顿和其他任何人都不能排斥这条法则。

罗杰斯对中国股票的投资选择，和他对一个国家的投资判断一样，通常都是从行业的整体情况出发。他发展了一个广泛的投资概念，买下他认为有前途的某一个行业的所有能买到的股票。这和他通常买下一个国家的所有股票的方式一样。那么，他又是如何判断一个行业的呢？罗杰斯说："发现低买高卖的机会的办法，是寻找那些未被认识到的，或未被发现的概念或者变化。通过变化而且是长期变化，并不仅仅是商业周期的变化，寻找一些将有出色业绩的公司，哪怕当经济正在滑坡之时。"他所寻求的变化具体有以下4种表现：

（1）灾难性变化。通常情况是，当一个行业处在危机之中时，随着两三个主要公司的破产，或处在破产边缘，整个行业在准备着一次反弹，只要改变整个基础的情势存在。中国的纺织行业也许正符合这种变化。

（2）现在正红火的行业，也许已暗藏了变坏的因素。这就是所说的"树不会长到天上去"。对于这种行业的股票，罗杰斯的通常做法是做空。做空前，一般要经过仔细研究，因为有些价位很高的股票还会继续走高。

（3）对于政府扶持的行业，他会作为重点投资对象。由于政府的干预，这些行业都将会有很大的变化。他在某一国家投资时，也往往会把政府支持行业的股票全部买下。

（4）紧跟时代发展，瞄准那些有潜力的新兴行业。20世纪70年代当妇女们开始崇尚"自然美"，放弃甚至根本不化妆时，罗杰斯研究了雅芳实业的股票，并认定尽管当时雅芳的市盈率超过70倍，但发展趋势已定。他以130美元的价格做空，一年后，以低于25美元的价格平了仓。

当其他投资者和投机者们追随时尚,并被许多深奥的投资方法愚弄的时候,巴菲特一直坚持着他近乎常识性的方法,这个方法帮助他积聚了数十亿美元的财富。

要知道,谁要做人,都不能做一个顺民,顽强的生命会向命运宣战,尽力去改变自己的命运,而不是在抱怨中放弃自己。